어떤 문제도 해결하는
사고력 수학 문제집

KB186057

박학다식 문해력 수학

초등 2년

2단계

VIOI에드
ViaEducation

사고력+문해력 융합
수학 학습 프로그램

사고력 　 문해력

문제해결능력
추론능력
의사소통능력
연결능력
정보처리능력
표현력
어휘력
메타인지능력

발행처 비아에듀 | 지은이 **최수일·문해력수학연구팀** | 발행인 **한상준** | 초판 1쇄 발행일 **2023년 7월 21일**
편집 **김민정·강탁준·최정휴·손지원** | 기획 자문 **박일(수학체험연구소장)** | 삽화 **김영화·이소영** | 디자인 **조경규·김경희·이우현**
주소 서울시 마포구 월드컵북로6길 87 | 전화 02-334-6123 | 홈페이지 viabook.kr

문해력이 수학 실력을 좌우합니다

지능 검사는 5개 영역에서 이루어집니다. 어휘적용, 언어추리, 산수추리, 수열추리, 도형추리입니다. 이 중에서 수학 실력과 가장 밀접한 상관관계를 갖는 영역은 무엇일까요? 많은 연구 결과, 수학과 직접적인 관계가 있는 산수추리나 수열추리, 도형추리보다 어휘적용과 언어추리가 수학 실력과의 상관관계가 더 높은 것으로 나타났습니다. '어휘적용'과 '언어추리'가 무엇일까요? 바로 문해력입니다. 문해력이 수학 실력을 좌우합니다.

문해력은 무엇일까요? 문해력은 글을 읽고 의미를 파악하고 이해하는 능력뿐만 아니라 중요한 정보나 사실을 찾고 연결하는 능력이며, 실생활에서 맞닥뜨리는 상황을 이해하고 해결하는 능력입니다. 이는 수학에서 요구하는 역량과도 맞닿아 있습니다. 2024년부터 적용되는 새로운 수학 교육과정은 문제해결, 추론, 의사소통, 연결, 정보처리의 5대 교과 역량을 기반으로 구성됩니다. 또한, 최근 세계적으로 우수한 인재를 위한 교육 프로그램으로 인정받고 있는 IB(International Baccalaureate) 프로그램에서도 사고력을 키워주는 역량 중심의 교육과정을 지향하고 있습니다. 초등수학 IB 프로그램은 위에서 언급한 역량을 키우기 위해 서술형, 논술형 문제를 통해 설명하기(프리젠테이션)와 글쓰기 공부를 강조하고 있습니다.

지식과 정보가 폭발적으로 증가하는 사회에 능동적으로 대응할 수 있는 역량을 갖추는 공부가 절실히 필요한 때입니다. 수학 개념을 정확하고 논리적으로 설명할 줄 아는 공부야말로 미래를 준비하고, 대처할 수 있는 능력을 키워 줄 수 있습니다. 『박학다식 문해력 수학』은 수학 교육과정에서 요구하는 5대 역량과 '설명하기'를 통해 학생이 개념을 충분히 인지하였는지를 알 수 있는 메타인지능력, 그리고 문해력을 동시에 키울 수 있는 교재입니다.

이 책과 함께 성장하는 여러분의 미래를 응원합니다.

박학다식 문해력 수학 사용설명서

step 1

내비게이션

교과서의 교육과정과
학습 주제를 확인해 보세요.
문제에 집중하다 보면
길을 잃기도 하거든요.
내가 공부하고 있는 위치를
확인하는 습관을 지녀보세요.

04
곱셈구구
2~9의 단 곱셈구구
백제 시대 유물이라니. 대단한 발견이야! 무슨 내용인지 볼까?
이이사, 이삼육, 이사팔 …… 이거 구구단 같은데??
백제 시대 때도 구구단이 있었구나.

만화

만화는 뒤에 나오는
'수학 문해력'과 연결이 돼요. 만화를 보며 해당 학습 주제에 대해 상상해 보세요.
그리고 이 주제를 '왜' 배워야 하는지 생각해 보세요.

30초 개념

수학은 '뜻(정의)'과 '성질'이
중요한 과목입니다.
꼭 알아야 할 핵심만
정리해 한눈에 개념을
이해할 수 있어요.

step 1 30초 개념

• 곱셈구구를 이용하면 곱셈을 좀 더 쉽고 빠르게 할 수 있습니다.

2 × 1 = 2	5 × 1 = 5	9 × 1 = 9
2 × 2 = 4	5 × 2 = 10	9 × 2 = 18
2 × 3 = 6	5 × 3 = 15	9 × 3 = 27
2 × 4 = 8	5 × 4 = 20	9 × 4 = 36
2 × 5 = 10	5 × 5 = 25	9 × 5 = 45
2 × 6 = 12	5 × 6 = 30	9 × 6 = 54
2 × 7 = 14	5 × 7 = 35	9 × 7 = 63
2 × 8 = 16	5 × 8 = 40	9 × 8 = 72
2 × 9 = 18	5 × 9 = 45	9 × 9 = 81

개념연결

개념 연결

2-1 묶어 세기 또는 뛰어 세기 → 2-1 곱셈식으로 나타내기 → 2-2 2~9의 단 곱셈구구 → 2-2 곱셈표와 곱셈구구의 활용

수학의 개념은 전 학년에 걸쳐
모두 연결되어 있어요. 지금
배우는 개념이 이해가 되지
않는다면 이전 개념으로 돌아가
다시 확인해 보세요. 그리고 다음에는 어떤 개념으로 연결되는지도 꼭 확인하세요.

매일 한 주제씩 꾸준히 공부하는 습관을 키워 보세요.
'빨리'보다는 '정확하게' 학습 내용을 이해하는 것이 중요합니다.

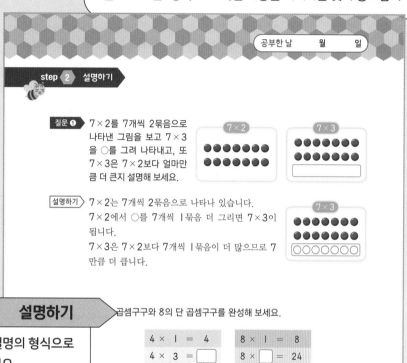

| 공부한 날 | 월 | 일 |

step 2 설명하기

질문 ❶ 7×2를 7개씩 2묶음으로 나타낸 그림을 보고 7×3을 ○를 그려 나타내고, 또 7×3은 7×2보다 얼마만큼 더 큰지 설명해 보세요.

설명하기 7×2는 7개씩 2묶음으로 나타나 있습니다.
7×2에서 ○를 7개씩 1묶음 더 그리면 7×3이 됩니다.
7×3은 7×2보다 7개씩 1묶음이 더 많으므로 7만큼 더 큽니다.

설명하기

'30초 개념'을 질문과 설명의 형식으로 쉽고 자세하게 풀어놨어요.

• 이렇게 공부해 보세요!
1. 무엇을 묻는 질문인지 이해한다.
2. '설명하기'를 소리 내어 읽는다.
3. 친구에게 설명한다.
4. 손으로 직접 써서 정리한다.

곱셈구구와 8의 단 곱셈구구를 완성해 보세요.

4 × 1 = 4	8 × 1 = 8
4 × 3 = ☐	8 × ☐ = 24
4 × 5 = ☐	8 × 5 = 40
4 × ☐ = 28	8 × ☐ = 56
4 × 9 = ☐	8 × 9 = ☐

4 × 1 = 4	8 × 1 = 8
4 × 3 = 12	8 × 3 = 24
4 × 5 = 20	8 × 5 = 40
4 × 7 = 28	8 × 7 = 56
4 × 9 = 36	8 × 9 = 72

이 과정을 거치게 되면 초등수학의 모든 개념을 정복할 수 있어요.

step 3 개념 연결 문제

1 □안에 알맞은 수를 써넣어 곱셈구구를 완성해 보세요.

🖐🖐	$2 \times 1 = 2$
🖐🖐🖐🖐	$2 \times \boxed{} = 4$
🖐🖐🖐🖐🖐🖐	$2 \times 3 = \boxed{}$
🖐🖐🖐🖐🖐🖐🖐🖐	$2 \times \boxed{} = \boxed{}$
🖐🖐🖐🖐🖐🖐🖐🖐🖐🖐	$2 \times \boxed{} = \boxed{}$

2 ◯를 그려서 5×4를 나타내고, 얼마인지 구해 보세요.

◯◯◯◯◯   ◯◯◯◯◯

◯◯◯◯◯

$5 + 5 + 5 + \boxed{} = \boxed{}$

$5 \times 4 = \boxed{}$

3 4의 단과 8의 단 곱셈구구입니다. 빈칸에 알맞은 수를 써넣으세요.

$4 \times 1 = 4$
$4 \times 2 = \boxed{}$
$4 \times 3 = 12$
$4 \times 4 = \boxed{}$
$4 \times 5 = 20$
$4 \times 6 = \boxed{}$
$4 \times 7 = 28$
$4 \times 8 = \boxed{}$
$4 \times 9 = 36$

$8 \times 1 = \boxed{}$
$8 \times 2 = \boxed{}$
$8 \times 3 = \boxed{}$
$8 \times 4 = \boxed{}$
$8 \times 5 = \boxed{}$
$8 \times 6 = \boxed{}$
$8 \times 7 = \boxed{}$
$8 \times 8 = \boxed{}$
$8 \times 9 = \boxed{}$

개념 연결 문제

앞에서 다루었던 개념과
그 성질이 들어 있는 문제들입니다.
문제를 많이 푸는 것보다 개념을 묻는
문제를 푸는 것이 중요해요.
어떤 문제를 만나도 풀 수 있다는
자신감을 가지게 될 거예요.

4 곰 젤리를 포장하려고 합니다. 각각 3개씩, 6개씩 묶고, 곱셈식을 완성해 보세요.

$3 \times \boxed{} = \boxed{}$ $6 \times \boxed{} = \boxed{}$

5 빈칸에 알맞은 수를 써넣으세요.

×	1	2	3	4	5	6	7	8	9
9									

step 4 도전 문제

도전 문제

문장제 문제와
사고력과 추론이 필요한
심화 문제예요.
배운 개념을 토대로
꼼꼼히 생각해 보세요.
개념이 연결되는 문제이기 때문에
충분히 해결할 수 있어요.

6 7의 단 곱셈구구를 보고 7×6이 얼마인지 설명하는 말을 완성해 보세요.

$7 \times 1 = 7$
$7 \times 2 = 14$ $+7$
$7 \times 3 = 21$ $+7$
$7 \times 4 = 28$ $+7$
$7 \times 5 = 35$ $+7$
$7 \times 6 = ?$ $+7$

$7 \times 5 = 35$야. 여기에 $\boxed{}$을 더하면
7×6을 구할 수 있어.
그래서 7×6은 $\boxed{}$야.

7 수 카드를 한 번씩만 사용하여 곱셈식을 만들려고 합니다. □안에 알맞은 수를 써넣으세요.

| 3 | 4 | 6 | 9 |

$\boxed{} \times \boxed{} = \boxed{}\boxed{}$

옛날 사람들도 구구단을 외웠을까?

2012년, 충남 부여읍 쌍북리에서 약 1500년 전 백제 시대에 만들어진 나무판이 발견되었다. 가로 약 5 cm, 세로 약 30 cm인 나무판은 소나무로 만들어진 것이었고, 그 위에 먹으로 쓰인 글자들이 희미하게 남아 있었다. 무엇이라고 쓰여 있는지 위쪽부터 차례로 살펴보자(옛날 글은 세로로 읽는다).

육구오십사	칠구육십삼	팔구□십	구구팔십일
오팔사십	육팔사십팔	칠팔오십육	팔팔육십사
사칠이십팔	오칠□십오	육칠사십이	칠칠사십구
삼육십팔	사육이십□	오□삼십	육육삼십육
이오십	사오이십□		오오이십오
이사팔	삼사십이		사사십육
	이삼육		삼삼구
			이이사

▲ 구구단 목간 (출처: e뮤지엄, www.emuseum.go.kr)

수학 문해력 기르기

1 2012년에 발견된 나무판은 몇 년 전에 만들어진 것인지 써 보세요.

약 (   )년 전

2 이야기 속 나무판에 대한 설명으로 틀린 것은? (   )

① 부여 쌍북리에서 발견되었다.　② 고려 시대에 만들어졌다.
③ 소나무로 만들어졌다.　④ 먹으로 숫자가 쓰여 있다.
⑤ 가로의 길이는 약 5 cm이다.

3 나무판에 쓰인 글자를 읽기 쉽게 바꾼 다음, 곱셈식으로 나타내려고 합니다. □ 안에 알맞은 말이나 수 또는 곱셈식을 써넣으세요.

구 구 팔십일	→ $9 \times 9 = 81$
팔 구 □□□	→ $8 \times 9 = □$
칠 구 육십삼	→

4 나무판에 쓰인 글자를 우리가 지금 쓰는 곱셈식으로 바꾼 것입니다. □ 안에 알맞은 수를 써넣으세요.

$9 \times 9 = 81$	$8 \times 8 = 64$	$7 \times 7 = 49$	$6 \times 6 = 36$
$8 \times 9 = 72$	$7 \times 8 = 56$	$6 \times 7 = 42$	$5 \times □ = 30$
$7 \times 9 = 63$	$6 \times 8 = 48$	$5 \times □ = 35$	$4 \times 6 = □$
……	……	……	……

5 나무판에 쓰인 글자 중에는 지워져서 잘 보이지 않는 부분이 있습니다. 지워진 부분에 알맞은 말을 써넣으세요.

오 오 이십오
사 오 이십
□□ 십오

박학다식 문해력 수학 초등 2-2단계

step 1 30초 개념

- 100이 10개이면 1000입니다. 1000은 천이라고 읽습니다.

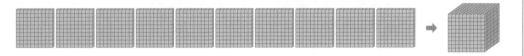

- 1000이 3개이면 3000입니다. 3000은 삼천이라고 읽습니다.

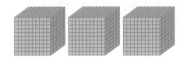

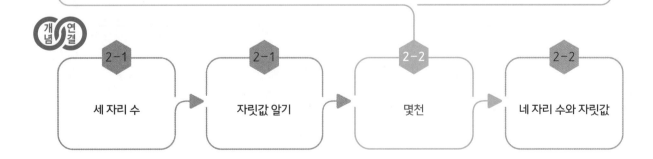

개념 연결

2-1 세 자리 수 → 2-1 자릿값 알기 → 2-2 몇천 → 2-2 네 자리 수와 자릿값

step 2 설명하기

질문 ❶ 그림을 보고 1000이 바로 앞의 수보다 얼마만큼 큰 수인지 설명해 보세요.

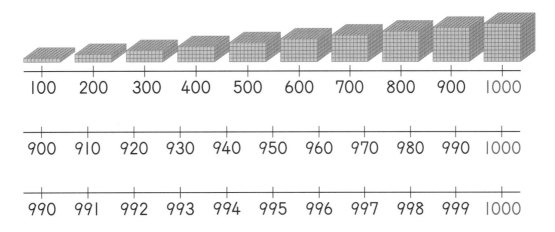

설명하기 1000은 '900보다 100 큰 수', '990보다 10 큰 수', '999보다 1 큰 수' 입니다.

질문 ❷ 색칠하여 5000을 나타내어 보세요.

설명하기 5000은 1000이 5개인 수이므로 5개만큼 색칠합니다.

1 ☐ 안에 알맞은 수를 써넣으세요.

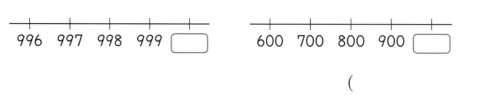

100이 10개이면 ☐ 이라 쓰고, ☐ 이라고 읽습니다.

2 빈칸에 공통으로 들어갈 수를 써 보세요.

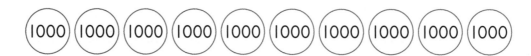

996 997 998 999 ☐   600 700 800 900 ☐

(   )

3 4000만큼 색칠해 보세요.

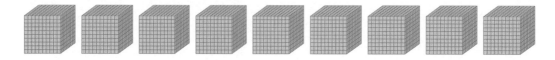

4 6000이 되도록 천 모형을 묶어 보세요.

5 다른 하나를 찾아 ○표 해 보세요.

| 7000 | 1000이 70인 수 | 칠천 |

6 말랑캔디는 모두 몇 개인지 바르게 쓰고 읽어 보세요.

쓰기 _____   읽기 _____

step 4 도전 문제

7 1000이 되도록 □ 안에 알맞은 수를 써넣으세요.

999보다 [   ] 큰 수
990보다 [   ] 큰 수
900보다 [   ] 큰 수

8 구슬이 1000개가 되려면 몇 개 더 필요한지 구해 보세요.

(   )개

동전과 지폐

100원짜리 동전을 본 적이 있을 것이다. 100원짜리 동전은 구리와 니켈이라는 금속을 섞어서 만든다. 그리고 앞면에는 충무공 이순신이 그려져 있다.

100원짜리 동전 10개는 1000원짜리 종이돈으로 바꿀 수 있다. 종이로 만든 돈은 지폐라고 한다. 1000원짜리 지폐는 푸른색의 종이로 만들고, 앞면에는 퇴계 이황과 그가 생전*에 좋아했던 매화나무가 그려져 있다.

▲ 100원짜리 동전 10개(왼쪽)와 1000원짜리 지폐(오른쪽)

인도에서는 금액이 높은 지폐가 나쁜 일에 쓰이자 나라에서 쓰지 못하게 한 적이 있다. 낮은 금액의 지폐로 바꾸려는 사람들이 은행 앞에 줄을 섰고, 나중에는 지폐가 모자라서 동전 1000개가 담긴 봉지 2개로 바꾸어 주기도 했다. 동전 봉지를 받게 된 사람들은 봉지가 너무 무거워서 바로 집 앞에 있는 은행에서 택시(오토릭샤)를 타고 집에 올 수밖에 없었다고 한다.

▲ 지폐를 동전으로 바꾸는 인도 사람들

* **생전**: 살아 있는 동안

1 알맞은 말에 ○표 해 보세요.

> 100원짜리 돈은 (동전, 지폐)이고,
> 1000원짜리 돈은 (동전, 지폐)이다.

2 1000원짜리 돈에 대한 설명이 <u>틀린</u> 것은? (   )

① 종이로 만든 돈이다.
② 천 원이라고 읽는다.
③ 노란색 종이로 만든다.
④ 매화나무가 그려져 있다.
⑤ 퇴계 이황이 그려져 있다.

3 100원짜리 동전 10개는 모두 얼마인지 써 보세요.

(   )원

4 그림을 보고 모두 얼마인지 써 보세요.

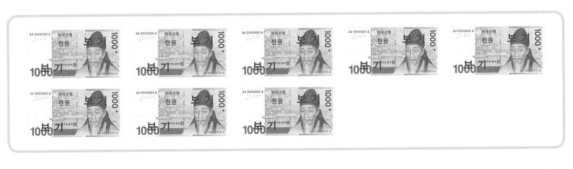

(   )원

5 동전 1000개가 담긴 봉지 2개에 동전이 모두 몇 개 들어 있는지 구해 보세요.

(   )개

02 네 자리 수

네 자리 수와 자릿값

- 1000이 2개, 100이 4개, 10이 3개, 1이 6개이면 2436입니다.
- 2436은 이천사백삼십육이라고 읽습니다.

개념 연결

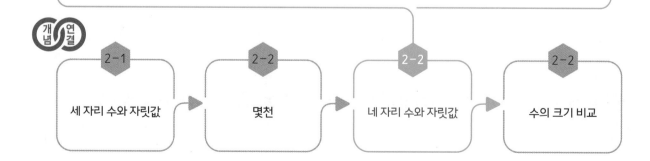

2-1	2-2	2-2	2-2
세 자리 수와 자릿값	몇천	네 자리 수와 자릿값	수의 크기 비교

step 2 설명하기

질문 ❶ 네 자리 수 3423의 각 자리의 숫자가 얼마를 나타내는지 설명해 보세요.

설명하기

천의 자리	백의 자리	십의 자리	일의 자리
3	4	2	3

↓

3	0	0	0
	4	0	0
		2	0
			3

3423에서
3은 천의 자리 숫자이고,
3000을 나타냅니다.
4는 백의 자리 숫자이고,
400을 나타냅니다.
2는 십의 자리 숫자이고,
20을 나타냅니다.
3은 일의 자리 숫자이고,
3을 나타냅니다.

$$3423 = 3000 + 400 + 20 + 3$$

질문 ❷ 네 자리 수에서 숫자 5가 각각 얼마를 나타내는지 써 보세요.

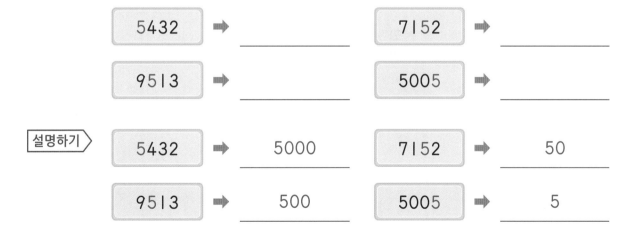

5432	➡	_____		7152	➡	_____
9513	➡	_____		5005	➡	_____

설명하기

5432	➡	5000		7152	➡	50
9513	➡	500		5005	➡	5

1 ☐ 안에 알맞은 수를 써넣으세요.

> 1000이 6개
> 100이 4개
> 10이 1개   이면 ☐ 입니다.
> 1이 5개

2 그림을 보고 빈칸에 알맞은 수를 써넣으세요.

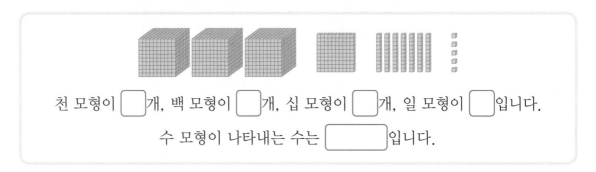

천 모형이 ☐ 개, 백 모형이 ☐ 개, 십 모형이 ☐ 개, 일 모형이 ☐ 입니다.
수 모형이 나타내는 수는 ☐ 입니다.

3 2735를 각 자리의 숫자가 나타내는 값의 합으로 나타내어 보세요.

천의 자리	백의 자리	십의 자리	일의 자리
2	7	3	5

2	0	0	0
	7	0	0
		3	0
			5

2735 = ☐ + ☐ + ☐ + ☐

4 1524를 ⬤1000, ⬤100, ◯10, ◯1을 사용하여 나타내어 보세요.

5 3271에서 '7'은 70을 나타냅니다. 5329에서 '5'가 나타내는 값은 얼마인지 써 보세요.

(   )

step 4   도전 문제

6 밑줄 친 숫자 8이 나타내는 값이 가장 큰 수를 찾아 색칠해 보세요.

| 152<u>8</u> | 9<u>8</u>11 | <u>8</u>027 | 43<u>8</u>2 |

7 여름이는 수 카드 1 , 3 , 5 , 7 을 한 번씩만 사용하여 네 자리 숫자를 만들었습니다. 여름이가 만든 수는 무엇인지 써 보세요.

> 내가 만든 수는 6000보다 크고, 100이 1개인 수야.
> 일의 자리 수는 3이 아니야.
> 내가 만든 네 자리 수가 무엇인지 맞혀 봐.

여름

(   )

돼지 저금통

쓰고 남은 동전이나 지폐[*]는 어디에 두면 좋을까? 잘 쓰지 않는 돈, 특히 동전을 주로 모아 둘 수 있도록 만든 통을 저금통이라고 한다.

저금통 중에는 돈을 넣는 작은 구멍만 있고 꺼내는 구멍은 없어서 저금통을 부수어야만 돈을 꺼낼 수 있는 것도 있다. 복스러운 돼지 모양의 저금통이 그중 하나이다. 저금통을 부수고 난 뒤에는 돈을 1000원, 100원, 10원, 1원과 같이 같은 것끼리 모으면 내가 얼마나 모았는지 더 쉽게 확인할 수 있다.

돼지 저금통에 얼마를 모았는지 살펴보자.

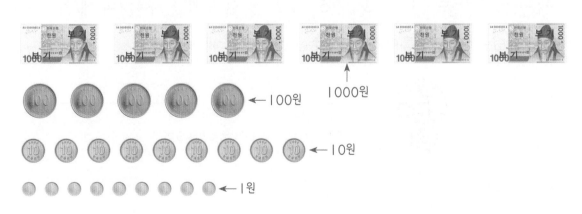

←1000원

←100원

←10원

←1원

* **지폐**: 종이로 만든 돈

1 동전이나 지폐를 모으는 통을 무엇이라고 하는지 써 보세요.

(   )

2 복스러운 동물 모양 저금통의 이름은? (   )

① 호랑이 저금통   ② 돼지 저금통   ③ 닭 저금통
④ 사자 저금통   ⑤ 비둘기 저금통

3 이 이야기에서 돼지 저금통에 모은 돈은 종류마다 각각 몇 개씩인지 써 보세요.

돈의 종류	1000원	100원	10원	1원
개수	개	개	개	개

4 이 이야기에서 돼지 저금통에 모은 돈은 모두 얼마인지 구해 보세요.

(   )원

5 밑줄 친 부분의 이유로 가장 알맞은 것을 찾아 ☐ 안에 ∨표 해 보세요.

☐ 어느 종류의 돈을 가장 많이 모았는지 쉽게 알 수 있어서
☐ 같은 것끼리 모으는 게 재미있어서
☐ 각 자릿값을 쉽게 알 수 있어서

- 두 수의 크기를 비교할 때
① 자릿수가 다르면 큰 자리 수가 있는 쪽이 더 큽니다.
② 자릿수가 같으면 가장 큰 자리 수가 큰 쪽이 더 큽니다.
③ 자릿수가 같으면서 가장 큰 자리 수도 같으면 그다음 수를 차례로 비교합니다.

② 천의 자리 수, 백의 자리 수가 각각 같다.

③ 십의 자리 수를 비교한다.

1352 ＞ 1325   5＞2

① 자릿수가 같다.

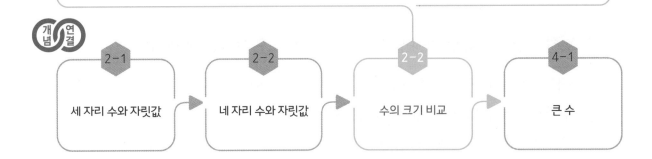

2-1 세 자리 수와 자릿값

2-2 네 자리 수와 자릿값

2-2 수의 크기 비교

4-1 큰 수

step 2 설명하기

질문 ❶ 빈칸에 알맞은 수를 써넣고 7312와 7298의 크기를 비교해 보세요.

네 자리 수	천의 자리	백의 자리	십의 자리	일의 자리
7312	7	3	1	2
7298	7			8

설명하기

네 자리 수	천의 자리	백의 자리	십의 자리	일의 자리
7312	7	3	1	2
7298	7	2	9	8

두 수의 천의 자리 수가 같으므로 7312의 백의 자리 수 3과 7298의 백의 자리 수 2를 비교합니다. 3>2이므로 7312>7298임을 알 수 있습니다.

질문 ❷ 빈칸에 알맞은 수를 써넣고 세 수의 크기를 비교해 보세요.

네 자리 수	천의 자리	백의 자리	십의 자리	일의 자리
3880				
4011				
3892				

설명하기

네 자리 수	천의 자리	백의 자리	십의 자리	일의 자리
3880	3	8	8	0
4011	4	0	1	1
3892	3	8	9	2

천의 자리 수가 가장 큰 4011이 가장 큰 수입니다.
천의 자리 수가 3인 두 수의 백의 자리를 비교하면 8로 같습니다. 다시 십의 자리를 비교하면 8이 더 작으므로 3880이 가장 작습니다.

1 100씩 뛰어 세면서 빈칸에 알맞은 수를 써넣으세요.

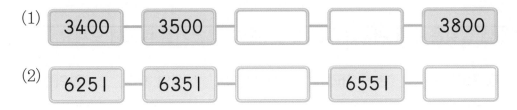

(1) 3400 — 3500 — [   ] — [   ] — 3800

(2) 6251 — 6351 — [   ] — 6551 — [   ]

2 수 모형으로 두 수의 크기를 비교하여 ◯ 안에 > 또는 <를 알맞게 써넣으세요.

	천 모형	백 모형	십 모형	일 모형
3125 ➡				
2136 ➡				

3125 ◯ 2136

3 빈칸에 알맞은 수를 써넣고, 두 수의 크기를 비교하여 ◯ 안에 > 또는 <를 알맞게 써넣으세요.

	천의 자리	백의 자리	십의 자리	일의 자리
5237 ➡	5	2		7
5092 ➡	5		9	2

5237 ◯ 5092

4 두 수의 크기를 비교하여 ◯ 안에 > 또는 <를 알맞게 써넣으세요.

(1) 8902 ◯ 9820   (2) 5123 ◯ 5732

5 수 카드에 적힌 수의 크기를 비교하려고 합니다. 빈칸에 알맞은 수를 써넣으세요.

| 5132 | 3025 | 3032 | 4912 |

(1) 천의 자리부터 비교하면, 가장 큰 수는 [   ]입니다.

(2) 천의 자리가 가장 작은 두 수는 천의 자리와 백의 자리가 각각 같습니다.
    두 수의 십의 자리를 비교해 보면, 가장 작은 수는 [   ]입니다.

step 4 도전 문제

6 더 큰 수가 적혀 있는 카드를 찾아 ◯표 해 보세요.

| 2909 | 1000이 2개,
100이 9개,
10이 1개,
1이 8개인 수 |

7 작년 여름 물놀이장에 하루 동안 입장한 사람 수를 표로 나타낸 것입니다. 입장한 사람이 가장 많은 날짜에 ◯표, 가장 적은 날짜에 △표 해 보세요.

날짜	입장한 사람 수(명)
6월 13일	1413
6월 14일	1507
6월 15일	1409

과자로 만든 집

헨젤과 그레텔은 숲에서 놀다가 길을 잃고 말았습니다. 집을 찾아 걷다 보니 어느새 밤이 되었어요.

둘은 저 멀리 보이는 빛을 따라갔어요. 거기에는 과자로 만든 집이 있었어요.

문은 과자, 기둥은 빵, 벽의 장식은 초콜릿이었지요.

그리고 책상 위에 구슬 모양 사탕이 가득 놓여 있었어요.

헨젤은 빨간색 사탕이 더 많다고 말했고, 그레텔은 초록색 사탕이 더 많다고 말했어요.

빨간색 사탕은 1개짜리가 5개, 초록색 사탕은 1개짜리가 2개니까 빨간색 사탕이 더 많아.

하지만 빨간색 사탕은 10개짜리 주머니가 2개, 초록색 사탕은 10개짜리 주머니가 5개인걸.

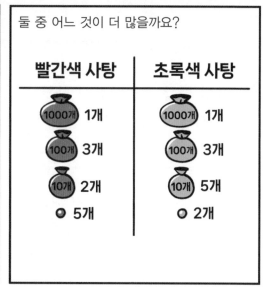

둘 중 어느 것이 더 많을까요?

빨간색 사탕	초록색 사탕
1000개 1개	1000개 1개
100개 3개	100개 3개
10개 2개	10개 5개
5개	2개

1 이 이야기에 나오는 두 주인공의 이름은 무엇인지 써 보세요.

(　　　　　,　　　　　　)

2 주인공이 과자로 만든 집을 어떻게 찾았는지 알맞은 것을 찾아 ☐ 안에 ∨표 해 보세요.

☐ 길가의 하얀 돌을 따라갔다.
☐ 빵 부스러기를 나르는 개미를 따라갔다.
☐ 멀리 보이는 빛을 따라갔다.

3 빈칸에 알맞은 수를 써넣으세요.

	1000개짜리 주머니	100개짜리 주머니	10개짜리 주머니	1개짜리
빨간색 사탕	개	개	개	개
초록색 사탕	개	개	개	개

4 문제 3의 표를 보고 빈칸에 알맞은 수나 말을 써넣으세요.

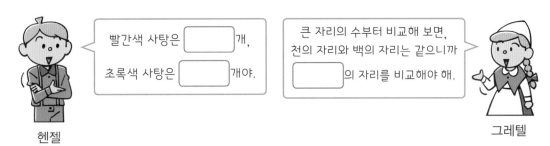

빨간색 사탕은 ☐ 개,

초록색 사탕은 ☐ 개야.

큰 자리의 수부터 비교해 보면, 천의 자리와 백의 자리는 같으니까 ☐ 의 자리를 비교해야 해.

헨젤

그레텔

5 빨간색 사탕과 초록색 사탕 중 더 많은 것에 ○표 해 보세요.

04
곱셈구구

2~9의 단 곱셈구구

---

step 1 30초 개념

• 곱셈구구를 이용하면 곱셈을 좀 더 쉽고 빠르게 할 수 있습니다.

$2 \times 1 = 2$	$5 \times 1 = 5$	$9 \times 1 = 9$
$2 \times 2 = 4$	$5 \times 2 = 10$	$9 \times 2 = 18$
$2 \times 3 = 6$	$5 \times 3 = 15$	$9 \times 3 = 27$
$2 \times 4 = 8$	$5 \times 4 = 20$	$9 \times 4 = 36$
$2 \times 5 = 10$	$5 \times 5 = 25$	$9 \times 5 = 45$
$2 \times 6 = 12$	$5 \times 6 = 30$	$9 \times 6 = 54$
$2 \times 7 = 14$	$5 \times 7 = 35$	$9 \times 7 = 63$
$2 \times 8 = 16$	$5 \times 8 = 40$	$9 \times 8 = 72$
$2 \times 9 = 18$	$5 \times 9 = 45$	$9 \times 9 = 81$

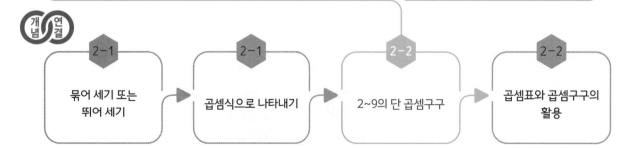

개념 연결

2-1	2-1	2-2	2-2
묶어 세기 또는 뛰어 세기	곱셈식으로 나타내기	2~9의 단 곱셈구구	곱셈표와 곱셈구구의 활용

step 2 설명하기

질문 ❶ ▶ 7×2를 7개씩 2묶음으로 나타낸 그림을 보고 7×3을 ○를 그려 나타내고, 또 7×3은 7×2보다 얼마만큼 더 큰지 설명해 보세요.

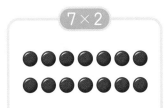

설명하기 ▷ 7×2는 7개씩 2묶음으로 나타나 있습니다.
7×2에서 ○를 7개씩 1묶음 더 그리면 7×3이 됩니다.
7×3은 7×2보다 7개씩 1묶음이 더 많으므로 7만큼 더 큽니다.

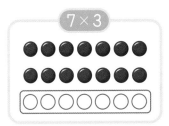

질문 ❷ ▶ 4의 단 곱셈구구와 8의 단 곱셈구구를 완성해 보세요.

4 × 1 = 4	8 × 1 = 8
4 × 3 = ☐	8 × ☐ = 24
4 × 5 = ☐	8 × 5 = 40
4 × ☐ = 28	8 × ☐ = 56
4 × 9 = ☐	8 × 9 = ☐

설명하기 ▷

4 × 1 = 4	8 × 1 = 8
4 × 3 = 12	8 × 3 = 24
4 × 5 = 20	8 × 5 = 40
4 × 7 = 28	8 × 7 = 56
4 × 9 = 36	8 × 9 = 72

1 □ 안에 알맞은 수를 써넣어 곱셈구구를 완성해 보세요.

🖐🖐	$2 \times 1 = 2$
🖐🖐 🖐🖐	$2 \times \boxed{} = 4$
🖐🖐 🖐🖐 🖐🖐	$2 \times 3 = \boxed{}$
🖐🖐 🖐🖐 🖐🖐 🖐🖐	$2 \times \boxed{} = \boxed{}$
🖐🖐 🖐🖐 🖐🖐 🖐🖐 🖐🖐	$2 \times \boxed{} = \boxed{}$

2 ○를 그려서 5×4를 나타내고, 얼마인지 구해 보세요.

○ ○ ○ ○ ○   ○ ○ ○ ○ ○

○ ○ ○ ○ ○

$5 + 5 + 5 + \boxed{} = \boxed{}$

$5 \times 4 = \boxed{}$

3 4의 단과 8의 단 곱셈구구입니다. 빈칸에 알맞은 수를 써넣으세요.

$4 \times 1 = \ 4$ $8 \times 1 = \boxed{}$

$4 \times 2 = \boxed{}$ $8 \times 2 = \boxed{}$

$4 \times 3 = \ 12$ $8 \times 3 = \boxed{}$

$4 \times 4 = \boxed{}$ $8 \times 4 = \boxed{}$

$4 \times 5 = \ 20$ $8 \times 5 = \boxed{}$

$4 \times 6 = \boxed{}$ $8 \times 6 = \boxed{}$

$4 \times 7 = \ 28$ $8 \times 7 = \boxed{}$

$4 \times 8 = \boxed{}$ $8 \times 8 = \boxed{}$

$4 \times 9 = \ 36$ $8 \times 9 = \boxed{}$

4 곰 젤리를 포장하려고 합니다. 각각 3개씩, 6개씩 묶고, 곱셈식을 완성해 보세요.

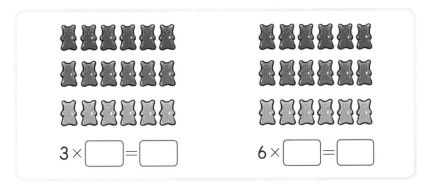

$3 \times$ ⬚ $=$ ⬚ $6 \times$ ⬚ $=$ ⬚

5 빈칸에 알맞은 수를 써넣으세요.

×	1	2	3	4	5	6	7	8	9
9									

step 4 도전 문제

6 7의 단 곱셈구구를 보고 7×6이 얼마인지 설명하는 말을 완성해 보세요.

$7 \times 1 = 7$
$7 \times 2 = 14$ $+7$
$7 \times 3 = 21$ $+7$
$7 \times 4 = 28$ $+7$
$7 \times 5 = 35$ $+7$
$7 \times 6 = ?$ $+7$

$7 \times 5 = 35$야. 여기에 ⬚ 을 더하면
7×6을 구할 수 있어.
그래서 7×6은 ⬚ 야.

7 수 카드를 한 번씩만 사용하여 곱셈식을 만들려고 합니다. ⬚ 안에 알맞은 수를 써넣으세요.

| 3 | 4 | 6 | 9 |

⬚ $\times$ ⬚ $=$ ⬚⬚

옛날 사람들도 구구단을 외웠을까?

2012년, 충남 부여읍 쌍북리에서 약 1500년 전 백제 시대에 만들어진 나무판이 발견되었다. 가로 약 5 cm, 세로 약 30 cm인 나무판은 소나무로 만들어진 것이었고, 그 위에 먹으로 쓰인 글자들이 희미하게 남아 있었다. 무엇이라고 쓰여 있는지 위쪽부터 차례로 살펴보자(옛날 글은 세로로 읽는다).

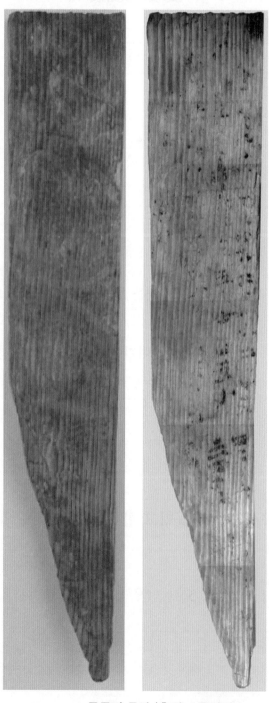

육구오십사	칠구육십삼	팔구□□□	구구팔십일
오팔사십	육팔사십팔	칠팔오십육	팔팔육십사
사칠이십팔	오□삼십오	육칠사십이	칠칠사십구
삼육십팔	사육이십사	오□삼십	육육삼십육
이오십	삼□십오	사오이십	오오이십오
	이사팔	삼사십이	사사십육
		이삼육	삼삼구
			이이사

▲ 구구단 목간 (출처: e뮤지엄, www.emuseum.go.kr)

1 2012년에 발견된 나무판은 몇 년 전에 만들어진 것인지 써 보세요.

약 (   )년 전

2 이야기 속 나무판에 대한 설명으로 <u>틀린</u> 것은? (   )

① 부여 쌍북리에서 발견되었다.   ② 고려 시대에 만들어졌다.

③ 소나무로 만들어졌다.   ④ 먹으로 숫자가 쓰여 있다.

⑤ 가로의 길이는 약 5 cm이다.

3 나무판에 쓰인 글자를 읽기 쉽게 바꾼 다음, 곱셈식으로 나타내려고 합니다. ☐ 안에 알맞은 말이나 수 또는 곱셈식을 써넣으세요.

구 구 팔십일   → $9 \times 9 = 81$

팔 구 ☐☐☐   → $8 \times 9 = $ ☐

칠 구 육십삼   →   ☐

4 나무판에 쓰인 글자를 우리가 지금 쓰는 곱셈식으로 바꾼 것입니다. ☐ 안에 알맞은 수를 써넣으세요.

$9 \times 9 = 81$	$8 \times 8 = 64$	$7 \times 7 = 49$	$6 \times 6 = 36$
$8 \times 9 = 72$	$7 \times 8 = 56$	$6 \times 7 = 42$	$5 \times \boxed{} = 30$
$7 \times 9 = 63$	$6 \times 8 = 48$	$5 \times \boxed{} = 35$	$4 \times 6 = \boxed{}$
……	……	……	……

5 나무판에 쓰인 글자 중에는 지워져서 잘 보이지 않는 부분이 있습니다. 지워진 부분에 알맞은 말을 써넣으세요.

오 오 이십오

사 오 이십

☐☐ 십오

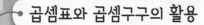
곱셈표와 곱셈구구의 활용

step 1 30초 개념

• 곱셈표를 이용하여 곱셈구구의
  원리를 알 수 있습니다.

×	0	1	2	3	4	5	6	7	8	9
0	0	0	0	0	0	0	0	0	0	0
1	0	1	2	3	4	5	6	7	8	9
2	0	2	4	6	8	10	12	14	16	18
3	0	3	6	9	12	15	18	21	24	27
4	0	4	8	12	16	20	24	28	32	36
5	0	5	10	15	20	25	30	35	40	45
6	0	6	12	18	24	30	36	42	48	54
7	0	7	14	21	28	35	42	49	56	63
8	0	8	16	24	32	40	48	56	64	72
9	0	9	18	27	36	45	54	63	72	81

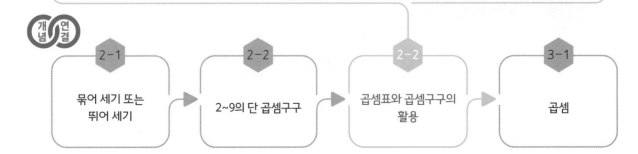

2-1	2-2	2-2	3-1
묶어 세기 또는 뛰어 세기	2~9의 단 곱셈구구	곱셈표와 곱셈구구의 활용	곱셈

step 2 설명하기

질문 ❶ 곱셈표에서 발견한 규칙을 설명해 보세요.

설명하기 곱셈표에서 여러 가지 규칙을 발견할 수 있습니다.
(1) 2의 단 곱셈구구에서는 곱이 2씩 커집니다.
(2) 7씩 커지는 곱셈구구는 7의 단입니다.
(3) 곱이 짝수인 곱셈구구는 2의 단, 4의 단, 6의 단, 8의 단입니다.
(4) ☐의 단 곱셈구구에서는 곱이 ☐씩 커집니다.

질문 ❷ 곱하는 두 수의 순서를 서로 바꾸어도 곱이 같은 곱셈구구를 찾아 색칠해 보세요.

×	1	2	3	4	5	6	7	8	9
4	4	8	12	16	20	24	28	32	36
5	5	10	15	20	25	30	35	40	45
6	6	12	18	24	30	36	42	48	54
7	7	14	21	28	35	42	49	56	63

설명하기 $4 \times 5 = 20$, $5 \times 4 = 20$이므로 $4 \times 5 = 5 \times 4$입니다.
$4 \times 6 = 6 \times 4$, $4 \times 7 = 7 \times 4$, $5 \times 6 = 6 \times 5$, $5 \times 7 = 7 \times 5$, $6 \times 7 = 7 \times 6$
입니다.

×	1	2	3	4	5	6	7	8	9
4	4	8	12	16	20	24	28	32	36
5	5	10	15	20	25	30	35	40	45
6	6	12	18	24	30	36	42	48	54
7	7	14	21	28	35	42	49	56	63

[1~6] 곱셈표를 보고 물음에 답하세요.

×	1	2	3	4	5	6	7	8	9
1	1	2	3	4	5	6	7	8	9
2	2	4	6	8	10	12	14	16	18
3	3		9		15		21		27
4	4	8	12	16	20	24	28	32	36
5	5	10	15	20	25	30	35	40	45
6					30	36	42	48	54
7	7	14	21	28	35	42	49	56	63
8	8				40		56	64	
9	9		27	36	45	54	63	72	81

1 곱셈표를 완성해 보세요.

2 곱셈표에서 5씩 커지는 곱셈구구를 찾아 빗금을 그어 보세요.

3 2의 단처럼 곱이 짝수인 단을 모두 골라 보세요. (   )

① 4단   ② 5단   ③ 6단   ④ 7단   ⑤ 8단

4 곱셈표에서 두 수의 곱이 24인 것은 모두 몇 개인지 찾아보세요.

(   )개

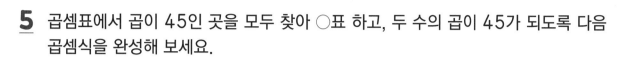

5 곱셈표에서 곱이 45인 곳을 모두 찾아 ○표 하고, 두 수의 곱이 45가 되도록 다음 곱셈식을 완성해 보세요.

$$\boxed{}\times\boxed{}=\boxed{}\times\boxed{}$$

6 곱셈표에서 2×4와 곱이 같은 곱셈구구를 모두 찾아 써 보세요.

$$\boxed{}\times\boxed{},\quad \boxed{}\times\boxed{},\quad \boxed{}\times\boxed{}$$

step **4** 도전 문제

[7~8] 곱셈표를 보고 물음에 답하세요.

×	1	2	3	4	5	6
2	2	4	6	8	10	12
3	3	6	9	12	15	18
4	4	8	12	16	20	24
6	6	12	18	24	30	36

7 ☐ 안에 알맞은 수를 찾아 써넣으세요.

$$6\times\boxed{}=3\times6$$

8 곱셈식 4개의 곱이 모두 같은 곱셈구구를 찾아 색칠하고, 곱셈식을 써 보세요.

$$\boxed{}\times\boxed{},\quad \boxed{}\times\boxed{},\quad \boxed{}\times\boxed{},\quad \boxed{}\times\boxed{}$$

4000년 전에도 곱셈표가 있었다?

이번에는 아주 먼 옛날로 여행을 떠나 볼까요? 사람들이 농사를 짓기 시작할 무렵, 농사짓기 좋은 강 근처에 모여 살던 사람들은 점차 하나의 도시를 이루어 살기 시작했고, 이런 도시들이 모여 하나의 나라가 세워졌어요. 그중 티그리스강과 유프라테스강 근처에 살던 사람들은 '바빌로니아'라는 나라를 세우게 되었지요.

바빌로니아 사람들은 점토판* 위에 날카로운 도구로 글자를 새겼는데, 점토판에 쓰인 내용을 보면 수학 수준이 높았다는 것을 알 수 있어요. 발견된 점토판 중에는 지금으로부터 4000년 전에서 3500년 전에 사용되었던 곱셈표도 있답니다.

▲ 바빌로니아 지도

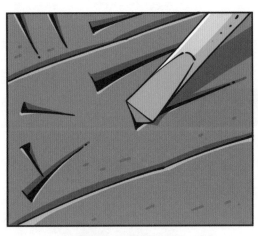

▲ 점토판에 글자를 새기는 모습

$5 \times 1 = 5$
$5 \times 2 = 10$
$5 \times 3 = 15$
……

▲ 곱셈표가 기록된 바빌로니아 점토판(왼쪽)과 해석본(오른쪽)

곱셈표는 누가 사용하던 것일까요? 학교에 다니던 학생들일까요, 아니면 수학을 기록하던 사람들일까요?

* **점토판**: 찰흙같이 부드러운 흙으로 만든 판

1 □ 안에 알맞은 말을 써넣으세요.

사람들이 농사를 짓고 모여 살기 시작하면서 도시가 발달했고, 도시들이 모여 □가 세워졌다.

2 바빌로니아의 수학 수준이 높았다는 것을 보여 주는 물건은? (   )

① 파피루스   ② 한지   ③ 소나무판
④ 비단   ⑤ 점토판

3 점토판에 기록된 곱셈구구는 몇의 단인지 써 보세요.

(   )의 단

4 점토판의 곱셈표에서 곱이 얼마씩 커지는지 써 보세요.

(   )씩 커진다.

5 곱셈표에 점토판에 기록되어 있는 곱셈구구를 써 보세요.

×	1	2	3	4	5	6	7	8	9
5	5	10	15						

06 길이 재기

길이 재기

step ① 30초 개념

• 줄자를 사용하여 길이를 재는 방법

① 책상의 한끝을 줄자의 눈금 0에 맞춥니다.
② 책상의 다른 쪽 끝에 있는 줄자의 눈금을 읽습니다. 눈금이 140이므로 책상의 길
이는 1 m 40 cm입니다.

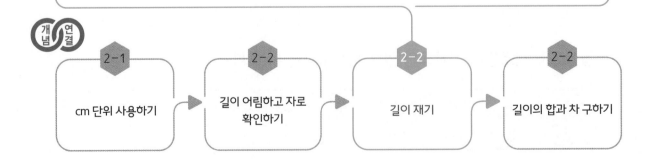

개념 연결

2-1	2-2	2-2	2-2
cm 단위 사용하기	길이 어림하고 자로 확인하기	길이 재기	길이의 합과 차 구하기

step 2 설명하기

질문 ❶ ☐ 안에 알맞은 수를 써넣으세요.

　(1) 1 m = ☐ cm　　　　　(2) 4 m 5 cm = ☐ cm

　(3) 127 cm = ☐ m ☐ cm　　(4) 207 cm = ☐ m ☐ cm

설명하기 (1) 1 m = 100 cm　　　　(2) 4 m 5 cm = 405 cm

　　　　　(3) 127 cm = 1 m 27 cm　　(4) 207 cm = 2 m 7 cm

질문 ❷ 책상의 길이를 맞게 재었는지 알아보고, 그렇게 생각한 이유를 설명해 보세요.

책상의 길이는
1 m 20 cm야.

설명하기 책상의 길이는 1 m 20 cm가 아닙니다.
자로 길이를 정확하게 재기 위해서는 물건의 한쪽 끝을 자의 눈금 0에 맞
추어야 하는데, 0이 아닌 5에 맞추었습니다.

[1~2] 그림을 보고 물음에 답하세요.

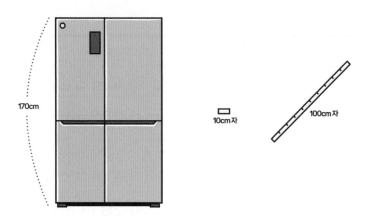

1 냉장고의 높이를 재려고 합니다. 10 cm 자와 100 cm 자 중에서 어느 것을 사용하면 좋을지 ○표 해 보세요.

2 냉장고의 높이를 써 보세요.

☐ m ☐ cm

3 맞는 내용이면 ○표, 틀린 내용이면 ✕표 해 보세요.

(1) 100 cm는 10 cm를 10번 잰 길이와 같습니다. (　　　)

(2) 1 m는 일 센티미터라고 읽습니다. (　　　)

(3) 150 cm는 1 m 50 cm라고도 합니다. (　　　)

4 칠판의 긴 부분의 길이를 써 보세요.

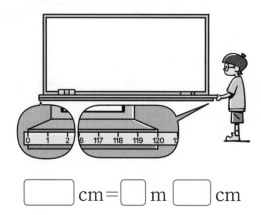

☐ cm = ☐ m ☐ cm

5 ☐ 안에 알맞은 수를 써넣으세요.

(1) 1 m = ☐ cm

(2) 200 cm = ☐ m

(3) 320 cm = ☐ m ☐ cm

step 4 도전 문제

6 길이가 바르게 적혀 있는 것을 모두 찾아 색칠해 보세요.

| 125 cm
=1 m 25 cm | 2 m 7 cm
=270 cm | 310 cm
=3 m 1 cm | 4 m 20 cm
=420 cm |

7 겨울이의 키를 잘못 잰 이유로 바른 것을 찾아 ☐ 안에 ∨표 해 보세요.

☐ 바닥을 줄자의 눈금 0에 맞추지 않아서

☐ 겨울이의 머리 끝부분의 눈금은
120 cm인데 110 cm로 잘못 읽어서

코딩 로봇으로 친구와 달리기 시합을!

▲ 여러 가지 코딩 로봇

코딩 로봇은 작지만 똑똑한 친구이다. 로봇은 정해진 규칙에 따라 판단하고 행동하는 기계를 말한다. 로봇청소기를 예로 들 수 있다. 로봇청소기는 가구나 장애물*을 만나면 사람이 방향을 돌려 주지 않아도 스스로 멈추었다가 길을 바꾸어 다른 곳으로 청소를 하러 간다.

코딩은 로봇이 움직일 수 있도록 명령어를 입력하는 과정을 말한다. 어린이들이 쉽게 코딩할 수 있는 프로그램도 있다. 미리 만들어져 있는 명령어 조각을 순서에 맞게 끼워 넣으면 된다. 그래서 코딩 로봇은 어떤 명령어를 입력하는지에 따라 다르게 사용할 수 있다. 로봇이 검은 선을 따라 달리게 만들려면 어떤 명령어를 입력해야 할까? 로봇이 달리기 시합을 할 수 있는 나만의 경기장을 만들어 보자!

▲ 코딩하는 모습

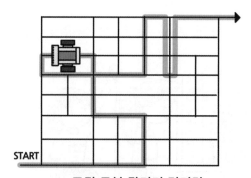

▲ 코딩 로봇 달리기 경기장

*장애물: 가로막아서 거치적거리게 하는 물건

1 로봇이 움직일 수 있도록 명령어를 입력하는 과정을 무엇이라고 하는지 찾아 써 보세요.

(   )

2 코딩 로봇이 검은 선을 따라 달리게 만들려고 합니다. 꼭 필요한 명령어 조각에 ○ 표 해 보세요.

검은색이 보이면   멈춘 ,   달린 ,   제자리에서 돈   다.

3 로봇 경기장의 한 부분의 길이를 줄자로 재어 보려고 합니다. 틀린 것을 모두 찾아 보세요. (   )

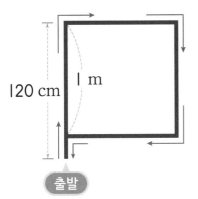

① 길이를 재려면 1 m가 넘는 긴 줄자가 필요하다.
② 줄자의 눈금 0을 출발 지점에서 검은 선이 시작되는 부분에 맞추어서 재어야 한다.
③ 줄자의 길이가 길면 줄자가 조금 접힌 상태로 재어도 된다.
④ 출발 지점부터 첫 모퉁이까지 길이는 120 cm 이고, 이것은 1 m 2 cm이다.

4 점선으로 되어 있는 부분의 길이는 몇 cm인지 써 보세요.

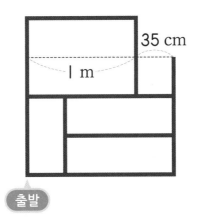

(   ) cm

07
길이 재기

step 1 30초 개념

- 두 길이 2 m 40 cm와 1 m 10 cm의 합과 차는 m는 m끼리, cm는 cm끼리 계산하여 구합니다.

$$\begin{array}{r} 2\ m\ \ 40\ cm \\ +\ \ 1\ m\ \ 10\ cm \\ \hline 3\ m\ \ 50\ cm \end{array} \qquad \begin{array}{r} 2\ m\ \ 40\ cm \\ -\ \ 1\ m\ \ 10\ cm \\ \hline 1\ m\ \ 30\ cm \end{array}$$

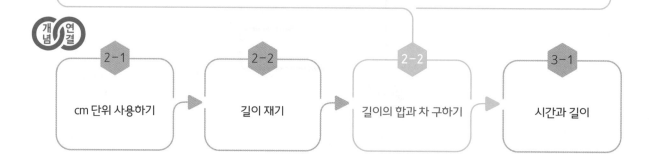

2-1	2-2	2-2	3-1
cm 단위 사용하기	길이 재기	길이의 합과 차 구하기	시간과 길이

step 2　설명하기

질문 ❶　그림을 그려서 1 m 10 cm와 1 m 20 cm의 합을 구해 보세요.

설명하기

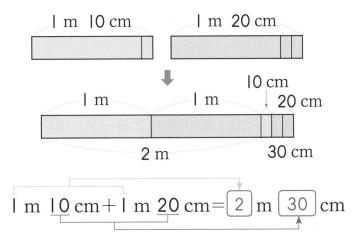

$$1 \ m \ \underline{10} \ cm + 1 \ m \ \underline{20} \ cm = \boxed{2} \ m \ \boxed{30} \ cm$$

m는 m끼리, cm는 cm끼리 더하면 1 m+1 m=2 m,
10 cm+20 cm=30 cm이므로 1 m 10 cm와 1 m 20 cm의 합은
2 m 30 cm입니다.

질문 ❷　그림을 그려서 2 m 40 cm와 1 m 10 cm의 차를 구해 보세요.

설명하기

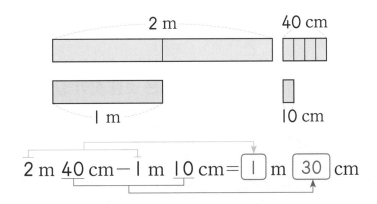

$$2 \ m \ \underline{40} \ cm - 1 \ m \ \underline{10} \ cm = \boxed{1} \ m \ \boxed{30} \ cm$$

m는 m끼리, cm는 cm끼리 빼면 2 m-1 m=1 m,
40 cm-10 cm=30 cm이므로 2 m 40 cm와 1 m 10 cm의 차는
1 m 30 cm입니다.

1 ☐ 안에 알맞은 수를 써넣으세요.

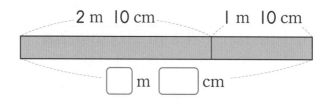

2 m 10 cm   1 m 10 cm

☐ m ☐ cm

2 노란색 리본을 1 m 50 cm, 보라색 리본을 2 m 60 cm만큼 잘랐습니다. 두 리본의 길이의 차를 구해 보세요.

$$\begin{array}{r} 2\,\text{m} \quad 60\,\text{cm} \\ -\ 1\,\text{m} \quad 50\,\text{cm} \\ \hline \boxed{}\,\text{m} \ \boxed{}\,\text{cm} \end{array}$$

3 계산해 보세요.

(1) 2 m 70 cm + 2 m 20 cm = ☐ m ☐ cm

(2) 420 cm − 1 m 10 cm = ☐ m ☐ cm

4 운동화 끈의 길이가 가장 긴 것과 가장 짧은 것을 찾아 길이의 합을 구해 보세요.

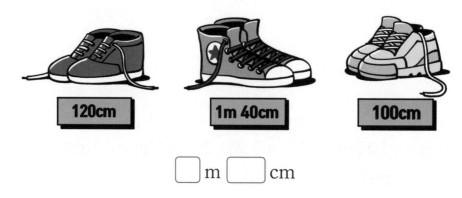

120cm   1m 40cm   100cm

☐ m ☐ cm

5 빈칸에 알맞은 수를 써넣으세요.

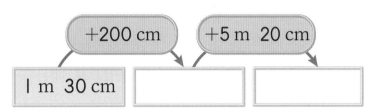

+200 cm

+5 m 20 cm

1 m 30 cm

6 봄이는 두꺼운 끈 1 m 50 cm, 얇은 끈 4 m 10 cm로 강아지 희망이의 목줄을 만들었습니다. 봄이가 사용한 끈의 전체 길이를 구해 보세요.

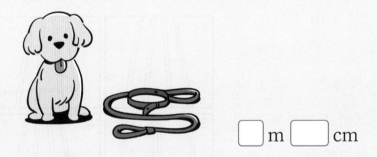

☐ m ☐ cm

7 교실 벽에 사진을 걸기 위해 길이가 1 m 50 cm인 줄과 1 m 20 cm인 줄을 위아래로 걸었습니다. 아래에 건 줄은 위에 건 줄보다 얼마나 더 긴지 구해 보세요.

☐ cm

매듭 팔찌로 우정 팔찌 만들기

한 가닥 또는 두 가닥의 끈을 묶어 본 적이 있나요? 끈이나 줄을 묶거나 엮었을 때 생기는 모양을 매듭이라고 해요. 끈을 어떻게 묶느냐에 따라 여러 가지 예쁜 모양의 매듭을 만들 수 있어요. 우리 조상들도 꽃, 나비 모양으로 매듭을 만들어 옷이나 노리 *개와 같은 물건을 장식했답니다.

▲ 가지방석매듭

▲ 국화매듭

▲ 나비매듭

(출처: e뮤지엄, www.emuseum.go.kr)

같은 모양의 매듭을 여러 번 반복하면 예쁜 매듭 팔찌를 만들 수 있어요!

ㄱ 먼저, 기둥이 될 수 있는 끈을 1 m 10 cm 준비해요. 가운데를 고정하고, 두 줄을 길게 내려요. 1 m 60 cm 길이의 매듭 끈을 준비하고, 끈의 중간을 기둥 뒤에 걸쳐 놓아요. 그리고 그림처럼 번갈아 가며 매듭을 만들면 매듭 팔찌 완성!

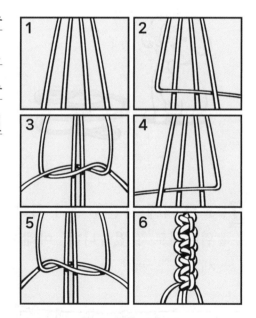

▲ 매듭 팔찌

(출처: 핸드메이드 스튜디오 미래의 감성)

친구와 함께 각자 좋아하는 색깔의 끈을 골라 우리만의 우정 팔찌를 만들어 볼 수 있어요.

* **노리개**: 한복 저고리나 치마허리에 달아 꾸미는 물건

1 하나의 끈이나 여러 개의 끈을 묶었을 때 생기는 모양을 무엇이라고 하는지 찾아 써 보세요.

(   )

2 사용한 매듭의 종류가 무엇인지 써 보세요.

(출처: e뮤지엄, www.emuseum.go.kr)

(   )매듭   (   )매듭   (   )매듭

3 ㉠에서 매듭 팔찌를 만들기 위해 매듭 끈과 기둥 끈은 모두 몇 cm가 필요한지 구해 보세요.

(   ) cm

4 ㉠에서 매듭 팔찌를 만들 때 매듭 끈은 기둥 끈보다 몇 cm가 더 긴지 구해 보세요.

(   ) cm

5 끈을 나비매듭을 만드는 데 1 m 10 cm 사용했고, 매듭 팔찌의 기둥 끈으로 2 m 20 cm, 매듭 끈으로 3m 30 cm 사용했습니다. 매듭과 매듭 팔찌를 만들기 위해 사용한 끈의 길이는 모두 몇 m 몇 cm인지 구해 보세요.

☐ m ☐ cm

08 시각과 시간

시각 읽기

step 1 30초 개념

- 시계의 긴바늘이 가리키는 숫자가 ㅣ이면 5분, 2이면 ㅣ0분, 3이면 ㅣ5분······을 나타냅니다.
- 왼쪽 그림의 시계가 나타내는 시각은 8시 ㅣ5분입니다.
- 시계의 긴바늘이 가리키는 작은 눈금 한 칸은 ㅣ분을 나타냅니다.
- 오른쪽 그림의 시계가 나타내는 시각은 9시 ㅣ2분입니다.

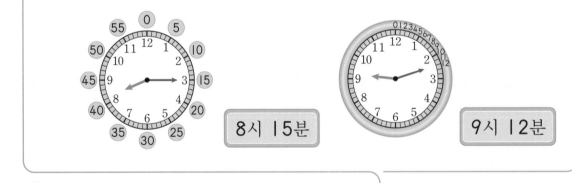

8시 ㅣ5분   9시 ㅣ2분

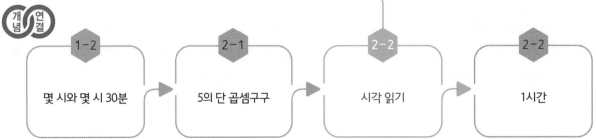

1-2	2-1	2-2	2-2
몇 시와 몇 시 30분	5의 단 곱셈구구	시각 읽기	1시간

step **2** 설명하기

질문 ❶ 시계가 가리키는 시각을 읽고, 그 방법을 설명해 보세요.

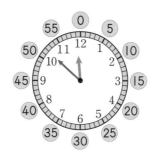

설명하기 시계의 긴바늘이 가리키는 숫자가 10이면 50분인데, 여기서 작은 눈금 2
칸을 더 간 곳을 가리키므로 52분입니다.
짧은바늘이 11과 12 사이에 있으므로 11시입니다. 따라서 시계가 가리
키는 시각은 11시 52분입니다.

질문 ❷ 시계에 2시 35분을 나타내고 그때 나는 무엇을 하는지 설명해 보세요.

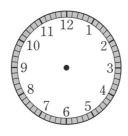

설명하기 35분이므로 짧은바늘은 2와 3 사이에서 중간을 조금
넘어갑니다.
긴바늘은 6을 지나 7을 가리킬 때가 35분입니다.
이때가 새벽이면 나는 잠을 자고 있을 것입니다.
이때가 점심을 지난 시각이면 나는 학교에서 방과 후 수
업을 하고 있을 것입니다.

1 알맞은 말에 ○표 해 보세요.

시계의 긴바늘이 가리키는 작은 눈금 한 칸은
1(분 , 시간)을 나타내고, 긴바늘이 가리키
는 숫자 1은 (1분 , 5분)을 나타냅니다.

2 겨울이가 친구와 함께 숙제를 하고 집에 돌아와서 시계를 보았더니 짧은바늘은 5
와 6 사이를 가리키고 긴바늘은 3에서 1칸을 더 간 곳을 가리키고 있었습니다. 겨
울이가 집에 돌아온 시각을 써 보세요.

☐ 시 ☐ 분

3 시계를 보고 몇 시 몇 분인지 써 보세요.

(1)
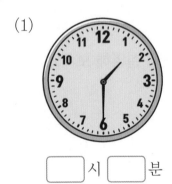

☐ 시 ☐ 분

(2)

☐ 시 ☐ 분

(3)
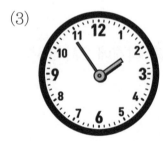

☐ 시 ☐ 분

4 왼쪽 시계를 보고, 오른쪽 시계에 긴바늘을 그려 같은 시각을 나타내어 보세요.

5 시각을 두 가지 방법으로 읽어 보세요.

(1) ☐시 ☐분

(2) ☐시 ☐분 전

step 4   도전 문제

6 시각을 바르게 읽은 것을 모두 찾아 선으로 이어 보세요.

9시 3분 전   8시 57분   5시 8분

7 보기 의 조건을 모두 만족하는 시각은? (   )

보기
• 긴바늘과 짧은바늘이 모두 4와 5 사이에 있습니다.
• 긴바늘은 짧은바늘과 4 사이에 있습니다.

① 5시 21분   ② 4시 5분   ③ 5시 24분
④ 4시 21분   ⑤ 4시 24분

달걀 잘 삶는 방법

삶아도 맛있고 프라이*를 해도 맛있는 달걀! 그런데 달걀을 삶아서 먹을 때는 시간을 잘 보아야 한다. 얼마나 삶는지에 따라 노른자의 모습이 달라지기 때문이다.

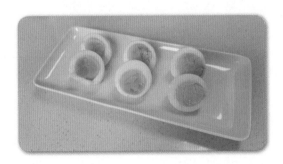

물이 보글보글 끓기 시작하고 6분 정도가 지나면 달걀은 반숙이 된다. 반숙은 노른자가 반만 익어서 흘러내리는 정도이다. 간장계란밥을 만들어 먹기에 딱 알맞다. 8분 정도 삶은 달걀은 노른자가 포슬포슬하다. 소금이나 케첩에 찍어 먹으면 아주 맛있다. 13분 정도 삶으면 완숙이 된다. 완숙 달걀은 노른자가 퍽퍽한 느낌이므로 냉면이나 국수 위에 올려서 국물과 함께 먹기 좋다.

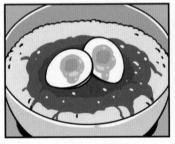
▲ 반숙 달걀과 간장계란밥

▲ 포슬포슬한 달걀과 소금, 케첩

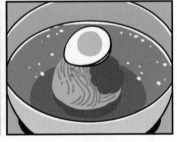
▲ 완숙 달걀과 냉면

그럼 달걀노른자를 원하는 정도로 익히려면 언제 달걀을 꺼내야 하는지 살펴보자. 가을이는 냄비에 달걀을 넣어 불 위에 올려 놓은 뒤, 물이 보글보글 끓어오르기 시작했을 때 시계를 보았다.

물이 끓기 시작한 시각

*프라이: 음식을 기름에 굽거나 튀기는 일
*노른자: 알의 흰자위에 둘러싸인 둥글고 노란 부분

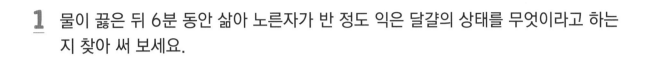

1 물이 끓은 뒤 6분 동안 삶아 노른자가 반 정도 익은 달걀의 상태를 무엇이라고 하는지 찾아 써 보세요.

(   )

2 어울리는 것끼리 선으로 이어 보세요.

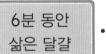 ·   · ·   ·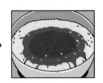

   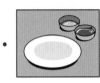

3 이 글에서 가을이는 달걀을 반숙으로 삶기 위해 3시 6분에 달걀을 꺼냈습니다. 시계에 긴바늘을 그려 가을이가 달걀을 꺼낸 시각을 나타내어 보세요.

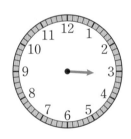

4 노른자가 포슬포슬한 달걀을 먹으려면 시계의 긴바늘이 작은 눈금 몇 칸을 움직였을 때 달걀을 꺼내야 하는지 ☐ 안에 ∨표 해 보세요.

☐ 3칸   ☐ 6칸   ☐ 8칸   ☐ 13칸

5 여름이가 달걀을 꺼낸 시각을 써 보세요.

여름

짧은바늘은 3과 4 사이를 가리키고 긴바늘은 2에서 3칸 더 간 곳을 가리키고 있었어.

달걀을 꺼낸 시각은 ☐ 시 ☐ 분이야.

김포에서 출발하여 제주에 도착하는 비행기에 탑승하신 승객 여러분 환영합니다.

모두 60분이니까 1시간!

그럼 90분은 1시간 30분이 겠구나.

우아, 신난다! 그런데 총 몇 시간이나 걸리는 거지??

step 1 30초 개념

- 시계의 긴바늘이 한 바퀴 도는 데 60분의 시간이 걸립니다.
- 60분은 1시간입니다.

5시 10분 20분 30분 40분 50분 6시

60분=1시간

개념 연결

1-2	2-2	2-2	2-2
몇 시와 몇 시 30분	시각 읽기	1시간	하루의 시간과 달력

step 2 설명하기

질문 ❶ 사과잼을 만드는 데 걸린 시간을 구해 보세요.

| 사과와 설탕을 넣고 끓입니다. | 절반으로 졸인 후 불을 끕니다. | 잼을 식힌 후 병에 담습니다. |

설명하기 사과와 설탕을 넣고 끓이기 시작하여 절반으로 졸인 후 불을 끄는 데까지
걸린 시간은 60분입니다.
불을 끄고 나서 잼을 식혀 병에 담을 때까지 걸린 시간은 20분입니다.
사과잼을 만드는 데 걸린 시간은 80분이고, 60분은 1시간이므로 1시간
20분이 걸렸다고도 할 수 있습니다.

2시 10분 20분 30분 30분 50분 3시 10분 20분 30분 40분 50분 4시

질문 ❷ 전통문화 축제 일정표를 보고 다음 활동을 하는 데 걸리는 시간을 구해 보세요.

(1) 궁중 의상 패션쇼
(2) 전통 놀이 체험

전통문화 체험	
9:00~10:00	풍물놀이 공연
10:00~11:30	궁중 의상 패션쇼
11:30~12:40	전통공예 체험
2:10~ 4:30	전통 놀이 체험

설명하기 (1) 궁중 의상 패션쇼는 10시에 시작하여 11시 30분에 끝나므로 1시간
30분이 걸립니다.
(2) 전통 놀이 체험은 2시 10분에 시작하여 4시 30분에 끝나므로 2시간
20분이 걸립니다.

1 ☐ 안에 알맞은 수를 써넣으세요.

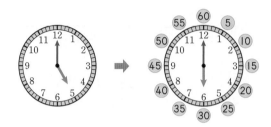

(1) 시계의 긴바늘이 한 바퀴를 도는 데 걸리는 시간은 ☐ 분이고,

이것은 ☐ 시간과 같습니다.

(2) 시계의 긴바늘은 한 바퀴를 도는 동안 작은 눈금 ☐ 개를 지나갑니다.

2 가을이네 반 학생들은 오늘 90분 동안 미술 수업을 했습니다. 90분은 몇 시간 몇 분과 같은지 ☐ 안에 알맞은 수를 써넣으세요.

$$90분 = ☐ 시간 ☐ 분$$

3 봄이네 학교의 점심시간이 시작되는 시각과 끝나는 시각을 나타낸 것입니다. 점심 시간은 모두 몇 분인지 구해 보세요.

점심시간이   점심시간이
시작된 시각   끝나는 시각

| 2시 | 10분 | 20분 | 30분 | 40분 | 50분 | 시 |

☐ 분

[4~5] 불빛 정원 축제 시간표를 보고 다음 물음에 답하세요.

허브 박물관 관람	6:00~6:40
램프 만들기	6:40~7:00
배 타기	7:00~8:40
꽃밭 불빛 쇼	8:40~?

4 배 타기를 하는 데 걸리는 시간만큼 색칠하고, 얼마나 걸리는지 구해 보세요.

7시 10분 20분 30분 40분 50분 8시 10분 20분 30분 40분 50분 9시

☐분=☐시간☐분

5 꽃밭 불빛 쇼는 70분 동안 진행됩니다. 불빛 쇼가 끝나는 시각을 구해 보세요.

☐시☐분

step **4** 도전 문제

6 여름이는 3시 10분에 태권도 수업을 시작하여 시계의 긴바늘이 한 바퀴를 돌고 다시 작은 눈금 30칸을 지나간 다음 수업을 마쳤습니다. 태권도 수업이 끝난 시각을 구해 보세요.

☐시☐분

7 겨울이는 부모님과 함께 80분 동안 어린이 연극을 보았습니다. 연극이 8시 40분에 끝났다면 연극이 시작된 시각은 몇 시 몇 분인지 구해 보세요.

7시 10분 20분 30분 40분 50분 8시 10분 20분 30분 40분 50분 9시

☐시☐분

서울 시티 투어

가을이네 가족은 일요일에 서울 시티 투어 버스를 타고 유명한 관광지를 돌아보았다. 버스는 세종 대왕 동상이 있는 광화문에서 출발하여, 한옥 마을, N 서울 타워를 지났고, 창경궁이라는 조선 시대 궁궐을 지나 인사동으로 갔다. 인사동에는 재미있는 물건을 파는 곳, 오래된 물건을 파는 가게가 많았다. 마지막 코스인 넓은 경복궁을 지나 다시 처음에 출발했던 광화문에 도착하면서 일정은 끝이 났다.

	서울 시티 투어 버스 시간표	
1	광화문	10:30(출발 시각)
2	남산골 한옥 마을	10:42
3	N 서울 타워	11:00
4	창경궁	11:30
5	인사동	?
6	경복궁	11:50
1	광화문	12:00(도착 시각)

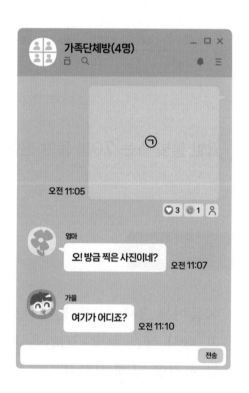

*시티 투어 버스: 도시의 주요 관광지를 돌아볼 수 있는 버스

1 서울 시티 투어 버스가 출발하는 곳과 도착하는 곳은 어디인지 찾아 써 보세요.

　• 출발하는 곳: _____　　• 도착하는 곳: _____

2 '가족단체방'에 올라온 ㉠은 ㅣㅣ시에 도착한 장소에서 찍은 것입니다. 사진 중 ㉠에 알맞은 것은? (　　　　)

① 광화문

② N 서울 타워

③ 창경궁

④ 인사동

⑤ 경복궁

3 시계에 긴바늘을 그려 남산골 한옥 마을에 도착한 시각을 나타내어 보세요.

4 남산골 한옥 마을에서 출발하여 60분 뒤에 인사동에 도착했습니다. 인사동에 도착한 시각을 구해 보세요.

□시 □분

5 광화문에서 출발하여 다시 광화문에 도착했을 때 시간이 얼마나 흘렀는지를 시간 띠에 나타내고, □ 안에 알맞은 수를 써넣으세요.

| ㅣ0시 | 10분 | 20분 | 30분 | 40분 | 50분 | ㅣㅣ시 | 10분 | 20분 | 30분 | 40분 | 50분 | ㅣ2시 |

□분＝□시간 □분

10
시각과 시간

step ① 30초 개념

- 하루는 24시간입니다.

$$1일 = 24시간$$

- 전날 밤 12시부터 낮 12시까지를 오전이라 하고 낮 12시부터 밤 12시까지를 오후라고 합니다.

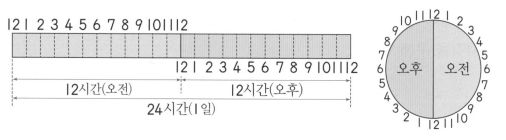

개념 연결

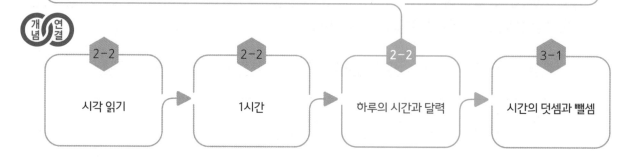

2-2	2-2	2-2	3-1
시각 읽기	1시간	하루의 시간과 달력	시간의 덧셈과 뺄셈

step 2 설명하기

질문 ❶ 토요일의 생활 계획표를 보고 빈칸을 채워 보세요. 또 하루가 몇 시간인지 구해 보세요.

설명하기 계획한 일을 하는 데 걸리는 시간을 다음과 같이 구할 수 있습니다.

하는 일	아침 식사	토요 미술 수업	점심 식사	동물원 관람	저녁 식사	휴식	잠
걸리는 시간	1시간	3시간	1시간	5시간	1시간	3시간	10시간

걸리는 시간을 다 더하면 1+3+1+5+1+3+10=24이므로 하루는 24시간입니다.

질문 ❷ 달력을 보고 알 수 있는 것을 3가지 써 보세요.

설명하기 (1) 28일까지 있으므로 2월 달력입니다.
　　　　　(2) 1주일은 7일입니다.
　　　　　(3) 일요일은 4번 있습니다.

○월

일	월	화	수	목	금	토
				1	2	3	4
5	6	7	8	9	10	11
12	13	14	15	16	17	18
19	20	21	22	23	24	25
26	27	28				

1 □ 안에 알맞은 말을 써넣으세요.

> 하루를 두 부분으로 나누어 보면, 전날 밤 12시부터 낮 12시까지를 □이라 하고, 낮 12시부터 밤 12시까지를 □라고 합니다.

[2~3] 겨울이의 토요일 생활 계획표를 보고 물음에 답하세요.

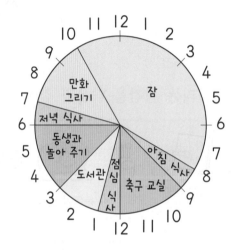

2 겨울이가 계획한 일을 시간 띠에 나타내어 보세요.

								1 2 3 4 5 6 7 8 9 10 11 12
	잠		아침 식사		점심 식사		저녁 식사	

12 1 2 3 4 5 6 7 8 9 10 11 12

3 맞는 내용이면 ○표, 맞지 <u>않는</u> 내용이면 ×표 해 보세요.

(1) 축구 교실은 오후 9시에 시작되어 12시에 끝날 것입니다.   (   )

(2) 도서관에는 오후 1시부터 오후 3시까지 있을 것입니다.   (   )

(3) 겨울이는 저녁을 먹고 난 다음, 동생과 놀아 줄 것입니다.   (   )

(4) 겨울이가 계획한 일을 하는 데 걸리는 시간을 모두 더하면 25시간입니다.

(   )

[4~5] 달력을 보고 물음에 답하세요.

1월

일	월	화	수	목	금	토
1	2	3	4	5	6	7
8	9	10	11	12	13	14
15	16	17	18	19	20	21
22	23	24	25	26	27	28
29	30	31				

2월

일	월	화	수	목	금	토
			1	2	3	4
5	6	7	8	9	10	11
12	13	14	15	16	17	18
19	20	21	22	23	24	25
26	27	28				

3월

일	월	화	수	목	금	토
			1	2	3	4
5	6	7	8	9	10	11
12	13	14	15	16	17	18
19	20	21	22	23	24	25
26	27	28	29	30	31	

4월

일	월	화	수	목	금	토
						1
2	3	4	5	6	7	8
9	10	11	12	13	14	15
16	17	18	19	20	21	22
23	24	25	26	27	28	29
30						

5월

일	월	화	수	목	금	토
	1	2	3	4	5	6
7	8	9	10	11	12	13
14	15	16	17	18	19	20
21	22	23	24	25	26	27
28	29	30	31			

6월

일	월	화	수	목	금	토
				1	2	3
4	5	6	7	8	9	10
11	12	13	14	15	16	17
18	19	20	21	22	23	24
25	26	27	28	29	30	

7월

일	월	화	수	목	금	토
						1
2	3	4	5	6	7	8
9	10	11	12	13	14	15
16	17	18	19	20	21	22
23	24	25	26	27	28	29
30	31					

8월

일	월	화	수	목	금	토
		1	2	3	4	5
6	7	8	9	10	11	12
13	14	15	16	17	18	19
20	21	22	23	24	25	26
27	28	29	30	31		

9월

일	월	화	수	목	금	토
					1	2
3	4	5	6	7	8	9
10	11	12	13	14	15	16
17	18	19	20	21	22	23
24	25	26	27	28	29	30

10월

일	월	화	수	목	금	토
1	2	3	4	5	6	7
8	9	10	11	12	13	14
15	16	17	18	19	20	21
22	23	24	25	26	27	28
29	30	31				

11월

일	월	화	수	목	금	토
			1	2	3	4
5	6	7	8	9	10	11
12	13	14	15	16	17	18
19	20	21	22	23	24	25
26	27	28	29	30		

12월

일	월	화	수	목	금	토
					1	2
3	4	5	6	7	8	9
10	11	12	13	14	15	16
17	18	19	20	21	22	23
24	25	26	27	28	29	30
31						

4 달력을 설명한 내용으로 옳지 <u>않은</u> 것을 모두 찾아 ☐ 안에 ∨표 해 보세요.

☐ 같은 요일이 6일씩 반복되는데, 이것을 1주일이라고 합니다.

☐ 4월 11일은 화요일입니다.

☐ 2월은 29일까지 있습니다.

☐ 1년은 365일입니다.

5 우리 동네 어린이 도서관은 매주 월요일에 쉽니다. 10월 달력에서 어린이 도서관이 쉬는 날에 ○표 하고, ○표 한 날은 모두 며칠인지 써 보세요.

(   )일

step 4 도전 문제

6 여름이네 학교는 오늘 오전 11시 30분부터 40분 동안 수업을 한 다음 점심을 먹습니다. 점심시간이 50분일 때, 점심시간이 끝나는 시각은 오후 몇 시 몇 분인지 써 보세요.

오후 ☐ 시 ☐ 분

7 봄이의 생일은 11월 16일이고, 9일 뒤는 가을이의 생일입니다. 가을이의 생일은 무슨 요일인지 써 보세요.

11월

일	월	화	수	목	금	토
			1	2	3	4
5	6	7	8	9	10	11
12	13	14	15	16	17	18

(   )요일

크리스마스 달력(어드벤트 캘린더)

"울면 안 돼, 울면 안 돼. 산타할아버지는 우는 아이에겐 선물을 안 주신대요."

크리스마스 캐럴*이 들려오기 시작하면 사람들은 크리스마스를 기다리게 된다. 옛날 서양에서는 어린이들이 크리스마스까지 며칠 남았는지 셀 수 있도록 부모님들이 크리스마스 달력(어드벤트 캘린더)을 만들어 주었다고 한다.

12월은 31일까지 있지만, 보통의 크리스마스 달력에는 1부터 24까지 표시되어 있다. 그리고 숫자가 쓰인 칸에 달려 있는 작은 서랍이나 상자 안에 여러 가지 작은 물건들이 담겨 있어서 크리스마스인 12월 25일의 전날까지 하루에 하나씩 열어 볼 수 있다. 어린이들을 위한 크리스마스 달력에는 보통 초콜릿이나 사탕, 젤리 같은 과자가 들어 있다. 크리스마스 달력은 모양도 무척 다양해서 모으는 재미가 있다.

▲ 여러 가지 크리스마스 달력

＊**캐럴:** 크리스마스에 부르는 축하 노래

1 보통의 크리스마스 달력이 <u>아닌</u> 것은? (   )

① 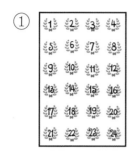 ②  ③

2 어린이를 위한 크리스마스 달력의 서랍에 보통 무엇이 담겨 있는지 찾아 써 보세요.

(   )

3 ☐ 안에 알맞은 수를 써넣으세요.

> 크리스마스 달력에는 보통 ☐ 일이 표시되어 있기 때문에 서랍이나 상자를
>
> ☐ 주하고도 ☐ 일 동안 하루에 하나씩 열어 볼 수 있다.

4 어느 해의 크리스마스가 목요일이라면 크리스마스 달력의 서랍을 맨 처음 여는 것은 무슨 요일인지 써 보세요.

일	월	화	수	목	금	토
21	22	23	24			

(   )요일

5 여름이가 24일에 크리스마스 달력의 마지막 서랍을 열고 나서 시계를 보았더니 오전 11시였습니다. 크리스마스가 될 때까지 남은 시간을 구해 보세요.

(   )시간

• 자료를 조사하여 표로 나타내려면 다음과 같은 순서로 진행합니다.
 ① 무엇을 조사할 것인지 정합니다.
 ② 어떤 방법으로 조사할 것인지 정합니다.
 ③ 조사를 진행합니다.
 ④ 조사한 결과를 보고 표로 나타냅니다.

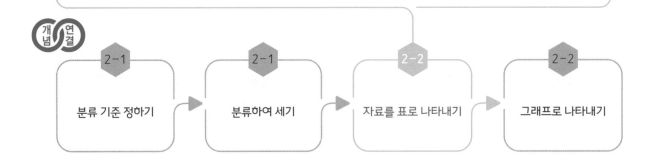

step 2 설명하기

질문 ❶ 여름이네 반 학생들이 좋아하는 색깔을 조사한 자료를 보고 표로 나타내어 보세요.

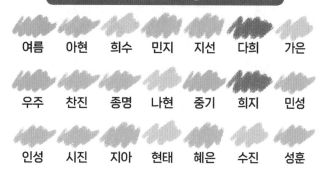

여름이네 반 학생들이 좋아하는 색깔

여름	아현	희수	민지	지선	다희	가은
우주	찬진	종명	나현	중기	희지	민성
인성	시진	지아	현태	혜은	수진	성훈

설명하기 ▷ 표의 첫째 줄에는 색깔을 적습니다.
표의 둘째 줄에는 학생 수를 적습니다.
여름이네 반 학생들이 가장 좋아하는 색깔은 파랑이고, 파랑을 좋아하는 학생 수는 7명입니다.

여름이네 반 학생들이 좋아하는 색깔별 학생 수

색깔	초록	파랑	노랑	분홍	빨강	합계
학생 수 (명)	3	7	5	4	2	21

질문 ❷ 자료를 표로 나타내었을 때의 특징을 설명해 보세요.

설명하기 ▷ 색깔별로 좋아하는 학생 수를 한눈에 알아볼 수 있습니다.
전체 학생 수를 쉽게 알아볼 수 있습니다.
하지만 누가 어떤 색깔을 좋아하는지는 알 수 없습니다.

[1~5] 봄이네 반 학생들이 좋아하는 동물 스티커를 스티커 판에 붙인 것을 보고 물음에 답하세요.

1 봄이네 반 학생들이 좋아하는 동물은 무엇인지 모두 써 보세요.

(   )

2 동물별로 좋아하는 학생이 몇 명인지 세어 보세요.

🐕	명	🐱	명	🦁	명
🐼	명	🐢	명		

3 조사한 자료를 보고 표로 나타내어 보세요.

봄이네 반 학생들이 좋아하는 동물별 학생 수

동물	강아지	고양이		판다		합계
학생 수(명)						

4 자료를 표로 나타내었을 때 편리한 점이 <u>아닌</u> 것을 찾아 ☐ 안에 ∨표 해 보세요.

☐ 전체 학생 수를 쉽게 알 수 있습니다.

☐ 봄이가 좋아하는 동물이 무엇인지 알 수 있습니다.

☐ 고양이를 좋아하는 학생 수를 한눈에 알아볼 수 있습니다.

5 동물별로 좋아하는 학생 수를 쉽게 알 수 있는 것을 찾아 ○표 해 보세요.

동물	강아지	고양이		판다		합계
학생 수(명)						

봄이네 반 학생들이 좋아하는 동물별 학생 수

step **4** 도전 문제

[6~7] 가을이네 반 학생들이 좋아하는 과자 종류를 조사한 자료를 보고 물음에 답하세요.

가을: 초콜릿	준호: 쿠키	예지: 쿠키	혜수: 젤리	현지: 초콜릿	우정: 파이	나연: 쿠키
수지: 쿠키	초록: 파이	현우: 초콜릿	상철: 파이	우성: 젤리	종철: 초콜릿	다희: 초콜릿
현철: 쿠키	희망: 젤리	지솔: 젤리	가은: 초콜릿	민우: 쿠키	영원: 쿠키	도진: 젤리

6 자료를 보고 표로 나타내어 보세요.

가을이네 반 학생들이 좋아하는 과자 종류별 학생 수

과자 종류	초콜릿	쿠키	파이	젤리	합계
학생 수(명)					

7 가을이는 수지와 초록이의 자료를 바꾸어 썼지만 표를 고치지 않아도 된다는 것을 알았습니다. 그 이유가 무엇인지 써 보세요.

이유

과일 주스 이야기

과일 주스는 새콤달콤하고 맛있다. 그런데 과일이 빨리 상하는 것처럼 과일 주스도 금방 상하기 때문에 오랫동안 보관할 수 없다는 단점이 있다. 그래서 옛날에는 사람들의 관심을 받지 못했다.

1869년 미국에서 웰치 박사가 처음으로 빨리 상하지 않는 포도 주스를 만들자 과일 주스가 본격적으로 퍼져 나갔다. 웰치 박사는 주스를 빨리 상하게 만드는 균을 줄일 수 있는 살균법을 사용하고, 과일 중에서 가장 다루기 좋은 포도를 사용하여 과일 주스를 만들어 파는 데 성공했다.

겨울이네 반 학생들이 좋아하는 과일 주스는 무엇인지 함께 정리해 보자.

동연 🍎	우주 🍓	윤상 🍓	도진 🍓	나희 🍊	우진 🍇
지수 🍇	하얀 🍓	도균 🍊	가연 🍎	은상 🍓	겨울 ?
희진 🍑	보현 🍎	수희 🍊	세진 🍑	진수 🍎	예진 🍇
수미 🍎	미진 🍊	소민 🍎	한길 🍑	의찬 🍓	미연 🍇

1 과일 주스가 옛날에는 사람들의 관심을 받지 못했던 이유가 무엇인지 써 보세요.

이유

2 포도 주스를 만들어 팔 수 있었던 이유는 무엇인지 ☐ 안에 알맞은 말을 써넣으세요.

☐ 으로 과일 주스를 빨리 상하게 만드는 균을 줄였다.

3 겨울이네 반 학생들이 좋아하는 과일 주스를 모두 찾아 ○표 해 보세요.

| 수박 | 아보카도 | 포도 | 복숭아 |
| 오렌지 | 참외 | 딸기 | 사과 | 배 |

4 자료를 보고 표로 나타내어 보세요.

겨울이네 반 학생들이 좋아하는 과일 주스별 학생 수

과일 주스	사과		오렌지		딸기	합계
학생 수(명)		4	4	3	7	

5 자료와 표를 보고 겨울이가 좋아하는 과일 주스는 무엇인지 써 보세요.

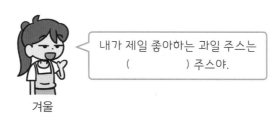

내가 제일 좋아하는 과일 주스는
(   ) 주스야.

겨울

- 그래프를 그리는 순서는 다음과 같습니다.
  ① 그래프의 가로와 세로에 어떤 것을 나타낼지 정합니다.
  ② 가로와 세로를 각각 몇 칸으로 나눌지 정합니다.
  ③ ○, ✕, / 중 하나를 그래프의 첫째 칸부터 차례로 채우면서 표시합니다.
  ④ 그래프의 제목을 씁니다.

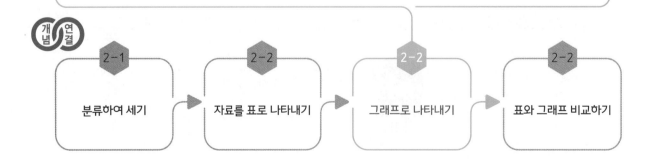

개념 연결

2-1	2-2	2-2	2-2
분류하여 세기	자료를 표로 나타내기	그래프로 나타내기	표와 그래프 비교하기

step 2 　설명하기

질문 ❶ ▶ 봄이네 반 학생들이 좋아하는 간식을 조사하여 분류한 자료를 그래프로 나타내어 보세요.

설명하기 ▶ 그래프를 세로로 그릴 때는 가로에 분류한 것을 쓰고 세로에 수를 씁니다.

간식이 5가지이고, 좋아하는 학생 수는 최대 7명이므로 가로는 5칸, 세로는 7칸으로 정합니다.

그래프를 세로로 그릴 때는 수를 쉽게 셀 수 있도록 아래에서 위로 빈칸 없이 채우며 표시해야 합니다.

기호는 ◯, ✕, / 중 하나를 사용합니다.

봄이네 반 학생들이 좋아하는 간식별 학생 수

학생 수(명) / 간식	과자	떡볶이	떡	치킨	피자
7					◯
6				◯	◯
5				◯	◯
4	◯	◯		◯	◯
3	◯	◯	◯	◯	◯
2	◯	◯	◯	◯	◯
1	◯	◯	◯	◯	◯

질문 ❷ ▶ 그래프로 나타내면 편리한 점을 설명해 보세요.

설명하기 ▶ 가장 많은 학생이 좋아하는 간식은 피자라는 것을 한눈에 알 수 있습니다.
떡을 좋아하는 학생 수가 가장 적다는 것을 한눈에 알아볼 수 있습니다.
각 분류별 수를 한눈에 알아볼 수 있습니다.

[1~2] 여름이의 이번 주 학급 시간표를 보고 물음에 답하세요.

	월	화	수	목	금
1교시	국어	수학	수학	국어	국어
2교시	국어	국어	창체	통합	국어
3교시	통합	통합	통합	수학	창체
4교시	통합	통합	통합	통합	창체

＊창체: 창의적 체험 활동

1 여름이가 이번 주에 배우는 과목을 그래프로 나타낼 때 가로에 과목을 나타낸다면 세로에는 무엇을 나타내면 좋을지 써 보세요.

세로: _____

2 표를 보고 ☐ 안에 알맞은 말을 써넣고, 과목별 시간 수를 ○로 표시하여 그래프로 나타내어 보세요.

여름이가 이번 주에 배우는 과목별 시간 수

8				
7				
6				
5				
4				
3				
2				
1				
시간 수(시간) / 과목	국어	☐	창체	통합

[3~4] 가을이네 반 학생들의 급식 희망 메뉴를 보고 물음에 답하세요.

볶음밥	파스타	볶음밥	파스타	돈가스
돈가스	볶음밥	볶음밥	비빔밥	볶음밥
비빔밥	카레	돈가스	파스타	비빔밥
파스타	돈가스	돈가스	볶음밥	파스타

3 ☐ 안에 알맞은 말을 쓰고 학생 수를 ×로 표시하여 그래프로 나타내어 보세요.

가을이네 반 급식 희망 메뉴별 학생 수

학생 수(명) \ 메뉴	볶음밥	돈가스	☐	카레	☐
6					
5					×
4					×
3		×			×
2		×			×
1		×			×

4 ☐ 안에 알맞은 말을 써넣으세요.

가을이네 반 학생들이 급식 메뉴로 가장 바라는 음식은 ☐ 이고, 급식 메뉴로 바라는 사람이 가장 적은 음식은 ☐ 이다.

밤에 열리는 야시장에 놀러 가요

부모님과 함께 가는 대형 마트나 시장 말고, 밤에만 열리는 시장이 있답니다. 밤에 열리는 시장은 '야시장'이라고 해요. 보통 낮에는 덥고 밤에는 시원한 나라에서 밤에 시원해질 때 시장을 열기 시작하면서 야시장이 생겼답니다.

한국에도 이와 비슷하게 원래 시장이 있는 곳이나 한강 근처와 같이 사람들이 많이 모일 수 있는 곳에 밤에 시장을 여는 곳이 생겼습니다. 특히 한강에서 열리는 달빛 야시장이 유명하지요. 어느 여름에는 한 달 동안 거의 500만 명이 다녀가기도 했어요. 새로 장사를 시작하려는 사람들은 이곳에서 먼저 한 달 동안 가게를 열기도 하는데 여러분이라면 야시장에서 무엇을 팔고, 또 무엇을 사고 싶은가요?

다음은 한강 달빛 야시장에 참가하는 가게들이 야시장에서 팔 물건이나 음식이 무엇인지 적어 낸 것입니다. 어떤 물건과 음식이 있는지 살펴볼까요?

1	닭꼬치	11	아이스크림
2	과일 주스	12	닭꼬치
3	나무 그릇	13	볶음밥
4	귀걸이	14	과일 주스
5	닭꼬치	15	과일 주스
6	볶음밥	16	아이스크림
7	아이스크림	17	아이스크림
8	과일 주스	18	아이스크림
9	목걸이	19	빙수
10	닭꼬치	20	팔찌

1 밤에 열리는 시장을 무엇이라고 하는지 찾아 써 보세요.

(   )

2 밤에 시장을 열기 시작한 이유가 무엇인지 알맞은 말에 ○표 해 보세요.

> (낮 , 밤)에는 덥고 (낮 , 밤)에는 시원한 나라에서 시원한 (낮 , 밤)에 시장이 열리기 시작했다.

3 한강 달빛 야시장에 참가하는 가게들은 무엇을 파는지에 따라 두 가지로 나누어 볼 수 있습니다. 기준에 따라 야시장에서 파는 물건을 분류해 보세요.

먹거리	
장신구 , 생활용품	

4 먹거리를 파는 가게들만 골라 그래프를 그리려고 합니다. 다음 중 그래프의 제목으로 가장 잘 어울리는 것을 찾아 ☐ 안에 ∨표 해 보세요.

☐ 달빛 야시장의 먹거리 종류별 가게 수
☐ 달빛 야시장의 가게별 좋아하는 사람 수

5 왼쪽 표를 보고 먹거리 종류별 가게 수를 그래프로 나타내어 보세요.

먹거리 종류별 가게 수

5					
4		○			
3		○			
2		○			
1		○			○
가게 수(개) / 먹거리 종류	닭꼬치		볶음밥	아이스크림	

13
표와 그래프

step 1 30초 개념

• 표와 그래프를 비교할 수 있습니다.
  ― 표로 나타내면 조사한 자료의 전체 수를 알기 쉽습니다.
  ― 표로 나타내면 조사한 자료별 수를 알기 쉽습니다.
  ― 그래프로 나타내면 조사한 내용을 한눈에 알아보기 편리합니다.
  ― 그래프로 나타내면 가장 많은 것과 가장 적은 것을 한눈에 알아보기 편리합니다.

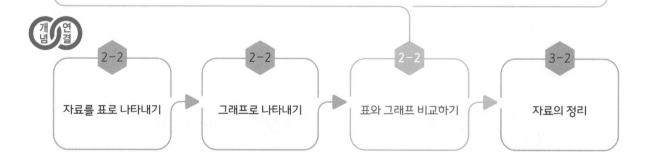

step 2 설명하기

질문 ❶ 겨울이네 반 학생들이 좋아하는 반려동물을 조사한 표를 그래프로 나타내어 보세요.

겨울이네 반 학생들이 좋아하는 반려동물별 학생 수

반려동물	강아지	사슴벌레	고양이	햄스터	합계
학생 수(명)	10	6	3	6	25

설명하기

겨울이네 반 학생들이 좋아하는 반려동물별 학생 수

학생 수(명) \ 반려동물	강아지	사슴벌레	고양이	햄스터
10	×			
9	×			
8	×			
7	×			
6	×	×		×
5	×	×		×
4	×	×		×
3	×	×	×	×
2	×	×	×	×
1	×	×	×	×

질문 ❷ 표와 그래프의 편리한 점을 각각 설명해 보세요.

설명하기 표로 나타내면 조사한 자료의 전체 수를 알기 쉽습니다.

표로 나타내면 조사한 자료별 수를 알기 쉽습니다.

그래프로 나타내면 조사한 내용을 한눈에 알아보기 편리합니다.

그래프로 나타내면 가장 많은 것과 가장 적은 것을 한눈에 알아보기 편리합니다.

[1~4] 봄이네 반 학생들이 미술 시간에 각자 꽃을 한 가지씩 정해 종이꽃을 만들었습니다. 자료를 보고 물음에 답하세요.

벚꽃	튤립	벚꽃	벚꽃	튤립
카네이션	민들레	카네이션	튤립	튤립
튤립	카네이션	벚꽃	민들레	카네이션

1 자료를 표로 나타내어 보세요.

봄이네 반 학생들이 만든 종이꽃별 학생 수

종이꽃		카네이션	튤립		합계
학생 수(명)	4	4		2	

2 자료를 그래프로 나타내어 보세요.

봄이네 반 학생들이 만든 종이꽃별 학생 수

5				
4		○		
3		○		
2		○		
1		○		
학생 수(명) \ 종이꽃		카네이션	튤립	

3 봄이네 반 학생들이 가장 많이 만든 종이꽃과 가장 적게 만든 종이꽃은 무엇인지 써 보세요.

• 가장 많이 만든 종이꽃: _____ • 가장 적게 만든 종이꽃: _____

4 표와 그래프 중에서 전체 수를 한눈에 알 수 있는 것은 무엇인가요?

(   )

[5~6] 여름이가 한 달 동안 매일 한 가지씩 운동한 기록을 표로 나타낸 것을 보고 물음에 답하세요.

여름이가 한 달 동안 한 운동별 기록 일수

운동	줄넘기	달리기	배드민턴	걷기	발야구	**합계**
기록 일수(일)	7	8	5	10		

5 여름이가 운동한 달은 10월이었습니다. 표의 빈칸에 알맞은 수를 써넣으세요.

6 표를 보고 그래프로 나타내어 보세요.

여름이가 한 달 동안 한 운동별 기록 일수

기록 일수(일) \ 운동					
10				○	
9				○	
8		○		○	
7	○	○		○	
6	○	○		○	
5	○	○	○	○	
4	○	○	○	○	
3	○	○	○	○	
2	○	○	○	○	
1	○	○	○	○	

슈퍼마켓 전단지의 비밀

슈퍼마켓에서 나누어 주는 전단지를 본 적이 있을 것이다. 슈퍼마켓에서는 알리고 싶은 정보를 전단지를 통해 광고할 때가 많다. 전단지에 어떤 정보들이 있는지 한번 살펴보자.

우선 위쪽에는 슈퍼마켓의 이름이 크게 쓰여 있고, 슈퍼마켓이 어디에 있는지 알려 주는 그림지도, 슈퍼마켓 전화번호 같은 정보들이 나와 있다.

그 밑으로는 싸게 파는 행사 상품의 그림이나 사진이 나온다. 가격이나 물건을 왜 싸게 파는지 그 이유가 나와 있는 경우도 있는데, 목적은 한 가지이다. 물건을 싼값에 판다는 점을 알리려는 것이다.

실제로 어떤 물건들을 싼값에 파는지 살펴보자.

1 원하는 정보를 적어 광고하기 위한 종이를 무엇이라고 하는지 찾아 써 보세요.

(   )

2 전단지 위쪽에 쓰여 있는 정보를 모두 찾아보세요. (   )

① 슈퍼마켓 이름   ② 전화번호   ③ 상품 사진
④ 그림지도   ⑤ 물건 가격

3 슈퍼마켓에서 싸게 파는 물건들을 기준에 따라 분류하려고 합니다. 빈칸에 알맞은 물건을 써넣으세요.

고기류	
해산물	오징어, 고등어, 굴, 멸치
과일류	
채소류	
곡식류	쌀

4 문제 **3**의 기준에 따라 빈칸에 알맞은 수를 써넣으세요.

전단지에 소개된 물건 종류별 수

물건 종류	고기류	해산물	과일류	채소류	곡식류	합계
개수 (개)						

5 전단지에 소개된 물건 종류별 수를 그래프로 나타내어 보세요.

전단지에 소개된 물건 종류별 수

4		○		○	
3		○		○	
2		○		○	
1		○		○	○
개수 (개) / 물건 종류	고기류		과일류	채소류	

● 덧셈표와 곱셈표에서 규칙 찾기

step 1 30초 개념

• 덧셈표와 곱셈표를 완성하고 규칙을 찾을 수 있습니다.

+	0	1	2	3	4	5	6	7	8	9
0	0	1	2	3	4	5	6	7	8	9
1	1	2	3	4	5	6	7	8	9	10
2	2	3	4	5	6	7	8	9	10	11
3	3	4	5	6	7	8	9	10	11	12
4	4	5	6	7	8	9	10	11	12	13
5	5	6	7	8	9	10	11	12	13	14
6	6	7	8	9	10	11	12	13	14	15
7	7	8	9	10	11	12	13	14	15	16
8	8	9	10	11	12	13	14	15	16	17
9	9	10	11	12	13	14	15	16	17	18

×	1	2	3	4	5	6	7	8	9
1	1	2	3	4	5	6	7	8	9
2	2	4	6	8	10	12	14	16	18
3	3	6	9	12	15	18	21	24	27
4	4	8	12	16	20	24	28	32	36
5	5	10	15	20	25	30	35	40	45
6	6	12	18	24	30	36	42	48	54
7	7	14	21	28	35	42	49	56	63
8	8	16	24	32	40	48	56	64	72
9	9	18	27	36	45	54	63	72	81

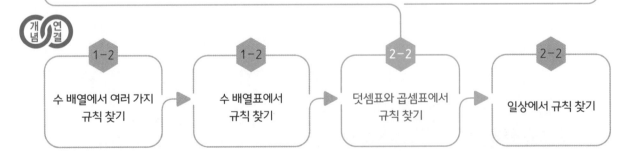

step ② 설명하기

질문 ❶ 덧셈표에서 규칙을 찾아 써 보세요.

설명하기
- 같은 줄에서 오른쪽으로 갈수록 1씩 커지고, 왼쪽으로 갈수록 1씩 작아집니다.
- 같은 줄에서 아래쪽으로 내려갈수록 1씩 커지고, 위쪽으로 올라갈수록 1씩 작아집니다.
- ↙ 방향으로 같은 수들이 있습니다.
- ↘ 방향으로 2씩 커집니다.

+	0	1	2	3	4	5	6	7	8	9
0	0	1	2	3	4	5	6	7	8	9
1	1	2	3	4	5	6	7	8	9	10
2	2	3	4	5	6	7	8	9	10	11
3	3	4	5	6	7	8	9	10	11	12
4	4	5	6	7	8	9	10	11	12	13
5	5	6	7	8	9	10	11	12	13	14
6	6	7	8	9	10	11	12	13	14	15
7	7	8	9	10	11	12	13	14	15	16
8	8	9	10	11	12	13	14	15	16	17
9	9	10	11	12	13	14	15	16	17	18

질문 ❷ 곱셈표에서 규칙을 찾아 써 보세요.

설명하기
- 각 단의 수는 아래쪽으로 내려가거나 오른쪽으로 갈수록 단의 수만큼 커집니다.
- 5의 단 곱셈구구는 일의 자리 숫자가 5와 0이 반복됩니다.
- ↘ 방향으로 1에서 81까지 곧은 선을 그은 후 그 선을 따라 표를 접으면 양쪽에서 만나는 수가 서로 같습니다.
- 2, 4, 6, 8의 단 곱셈구구에 있는 수는 모두 짝수입니다.

×	1	2	3	4	5	6	7	8	9
1	1	2	3	4	5	6	7	8	9
2	2	4	6	8	10	12	14	16	18
3	3	6	9	12	15	18	21	24	27
4	4	8	12	16	20	24	28	32	36
5	5	10	15	20	25	30	35	40	45
6	6	12	18	24	30	36	42	48	54
7	7	14	21	28	35	42	49	56	63
8	8	16	24	32	40	48	56	64	72
9	9	18	27	36	45	54	63	72	81

[1~2] 덧셈표를 보고 물음에 답하세요.

+	1	2	3	4	5	6	7	8	9
3	4	5	6	7	8	9	10	11	12
4	5	6	7	8	9				
5	6	7							
6	7								
7									

1 덧셈표를 완성해 보세요.

2 파란색으로 표시된 부분의 규칙을 써 보세요.

_____

[3~4] 곱셈표를 보고 물음에 답하세요.

×	1	2	3	4	5	6
1	1	2	3	4	5	6
2	2	4	6	8	10	
3	3	6				
4	4	8				
5	5					
6						

3 '15'가 들어가는 칸을 찾아 수를 써넣으세요.

4 빨간색으로 표시된 부분의 빈칸에 알맞은 수를 써넣고, 어떤 규칙이 있는지 써 보세요.

_____

5 곱셈표를 보고 바르게 설명한 것은? (   )

×	1	3	5	7	9
1	1	3	5	7	9
3	3	9	15	21	27
5	5	15	25	35	45
7	7	21	35	49	63
9	9	27	45	63	81

① 곱셈표에 있는 수는 모두 짝수입니다.

② 초록색 선을 따라 접으면 만나는 칸의 수가 서로 같습니다.

③ ↘ 방향으로 8씩 커집니다.

④ → 방향으로 5씩 커집니다.

⑤ ↓ 방향으로 4씩 커집니다.

step 4 도전 문제

6 덧셈표의 빈칸에 알맞은 수를 써넣으세요.

+	4	5	6	7	8
3	7		9	10	11
		10		12	13
	11		13		15
9	13	14		16	17

7 곱셈표의 빈칸에 알맞은 수를 써넣으세요.

×	3	4	5	6
	18	24	30	36
7	21		35	
	24	32		48
9	27	36	45	

스핑크스의 수수께끼

▲ 피라미드 앞 스핑크스 석상

▲ 그리스 로마 신화 속 스핑크스의 모습

이집트 왕의 무덤*인 피라미드 앞에는 스핑크스 석상*이 서 있다. 스핑크스는 그리스 로마 신화에 나오는 상상의 동물로, 사람의 머리, 사자의 몸을 하고 새의 날개와 뱀의 꼬리를 가졌다. 라이오스 왕이 큰 잘못을 하자 여신 헤라가 벌을 주기 위해 스핑크스를 보냈다고 한다. 스핑크스는 절벽 근처에 자리를 잡고 주변의 지나가는 사람들에게 수수께끼를 냈는데, 맞히지 못하면 큰 벌을 주었다.

우리도 스핑크스가 낸 문제를 맞혀 보자.

덧셈표

+	1	2	3	4	5	6	7	8	9
1	2	3	4	5	6	7	8		
2									
3									
4									
5									
6									
7									
8									
9									

곱셈표

×	1	2	3	4	5	6	7	8	9
1									
2									
3									
4									
5									
6									
7									
8									
9									

＊무덤: 죽은 사람을 땅에 묻어 놓은 곳
＊석상: 돌을 조각하여 만든 사람이나 동물의 형상

1 스핑크스가 등장하는 이야기로 알맞은 것은? (   )

① 이솝 우화   ② 그리스 로마 신화
③ 안데르센 동화책   ④ 한국 전래 동화

2 스핑크스의 몸의 각 부분은 무엇과 닮았는지 써 보세요.

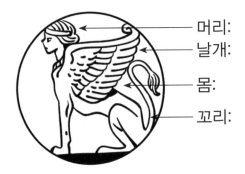

머리:

날개:

몸:

꼬리:

3 덧셈표에서 '10'이 들어가는 칸을 찾아 빨간색으로 색칠해 보세요.

4 곱셈표에서 '36'이 들어가는 칸을 찾아 ○표 해 보세요.

5 곱셈표에서 파란색으로 표시된 부분에 선을 긋고 그 선을 따라 표를 접었을 때 발견할 수 있는 규칙은 무엇인지 써 보세요.

규칙

15 규칙 찾기

일상에서 규칙 찾기

step 1 30초 개념

• 간단한 무늬에서 반복되는 규칙을 찾을 수 있습니다.

1	2	3	1	2	3	1
2	3	1	2	3	1	2
3	1	2	3	1	2	3
4	2	3	4	2	3	4

— ╱ 방향으로 같은 색이 반복됩니다.
— → 방향과 ↓ 방향으로 빨강, 노랑, 초록이 반복됩니다.
— ╲ 방향으로 빨강, 초록, 노랑이 반복됩니다.

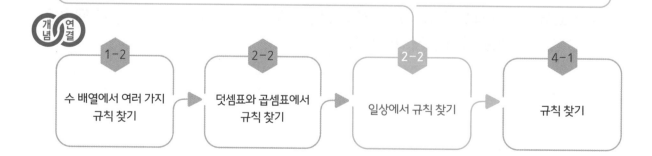

개념연결

1-2
수 배열에서 여러 가지 규칙 찾기

2-2
덧셈표와 곱셈표에서 규칙 찾기

2-2
일상에서 규칙 찾기

4-1
규칙 찾기

step 2   설명하기

질문 ❶   규칙을 찾아 빈칸에 알맞은 모양을 그려 보세요.

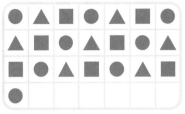

설명하기 〉 파란색 동그라미, 세모, 네모가 반복되는 규칙입니다.

↙ 방향으로는 똑같은 모양이 반복됩니다.

이런 규칙이 계속된다면 빈칸은 다음과 같습니다.

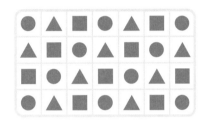

질문 ❷   공연장의 자리를 나타낸 그림을 보고 다음을 구해 보세요.

(1) 다열 다섯 번째 자리의 번호   (2) 47번 자리

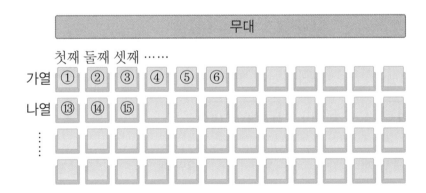

설명하기 〉 (1) 다열 다섯 번째 자리의 번호는, 12+12=24에 다시 5를 더한 29번 입니다.

(2) 47번은, 12+12+12=36이고 36+11=47이므로 라열 열한 번째 자리입니다.

1 ▲는 1, ■는 2로 바꾸어 나타내어 보세요.

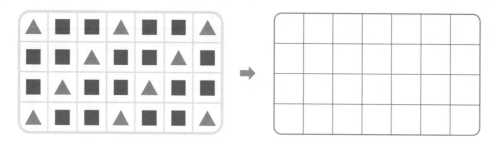

2 노란색은 1, 파란색은 2, 보라색은 3으로 바꾸어 나타내어 보세요.

[3~4] 규칙에 따라 쌓은 쌓기나무를 보고 물음에 답하세요.

| 1단계 | 2단계 | 3단계 | 4단계 | 5단계 |

3 쌓기나무의 수를 표에 나타내어 보세요.

1단계	2단계	3단계	4단계	5단계

4 쌓기나무를 쌓은 규칙을 써 보세요.

_____

5 연극을 보러 극장에 갔습니다. 내가 앉아야 할 자리에 ○표 해 보세요.

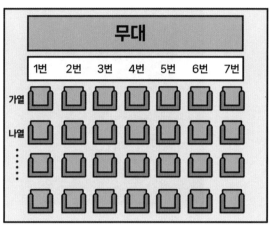

6 규칙을 찾아 빈칸에 알맞은 색깔은 무엇인지 ☐ 안에 ∨표 해 보세요.

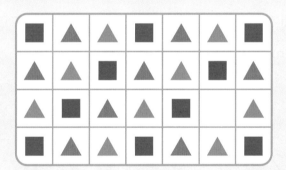

☐ 빨간색   ☐ 파란색   ☐ 노란색   ☐ 주황색

7 ☐을 다음과 같은 규칙으로 나타내었습니다. 마지막 칸에 알맞은 모양을 그려 보세요.

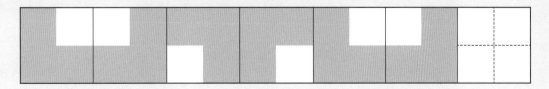

나도 디자이너

우리는 친구에게 선물을 할 때 선물할 물건을 상자에 담거나 무늬가 있는 종이로 예쁘게 포장해요. 이렇게 하면 받는 사람을 더 기쁘게 할 수 있고, 물건이 망가지는 것도 막을 수 있어요.

규칙을 이용하면 멋진 포장지를 만들 수 있답니다! 아래 그림처럼 일정한 규칙에 따라 그림을 그려서 나만의 포장지를 만들어 보세요.

포장지 1

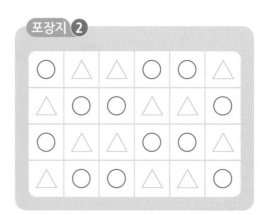

포장지 2

1 우리가 친구에게 선물을 할 때 포장을 하는 이유를 찾아 써 보세요.

(이유)

2 나만의 포장지를 만들 때 이용할 수 있는 것을 찾아 ☐ 안에 ∨표 해 보세요.

☐ 덧셈   ☐ 곱셈   ☐ 규칙

3 포장지 ❶ 에서 규칙을 찾아 써 보세요.

(규칙)

4 포장지 ❷ 에서 규칙을 찾아 써 보세요.

(규칙)

5 나만의 규칙을 정해 스티커를 붙이거나 그림을 그려서 포장지를 만들고, 규칙을 설명해 보세요.

(규칙)

step 3 개념 연결 문제 012~013쪽

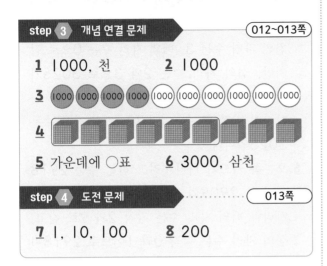

1 1000, 천   **2** 1000

3 (1000)(1000)(1000)(1000)(1000)(1000)(1000)(1000)(1000)(1000)

4 [수 모형 10개]

5 가운데에 ○표   **6** 3000, 삼천

step 4 도전 문제 013쪽

7 1, 10, 100   **8** 200

5 7000은 1000이 7인 수입니다.

7 1000은 '900보다 100 큰 수', '990보다 10 큰 수', '999보다 1 큰 수'입니다.

8 구슬 한 통은 100개이고, 모두 8통이 있으므로 그림에 있는 구슬은 모두 800개입니다. 1000개가 되기 위해서는 200개의 구슬이 더 필요합니다.

step 5 수학 문해력 기르기 015쪽

1 동전에 ○표, 지폐에 ○표

2 ③   **3** 1000

4 8000   **5** 2000

2 1000원짜리 지폐는 푸른색의 종이로 만듭니다.

3 100원짜리 동전 1개는 100원, 2개는 200원, 3개는 300원, …, 9개는 900원, 10개는 1000원입니다.

4 1000원짜리 지폐가 8장 있으므로 그림에 있는 돈은 모두 8000원 입니다.

5 동전 1000개짜리 1봉지에는 동전 1000개, 2봉지에는 2000개가 들어 있습니다.

step 3 개념 연결 문제 018~019쪽

1 6415

2 3, 1, 7, 5, 3175

3 2000, 700, 30, 5

4

(1000)(100)(100)(100)(100)(100)

(10)(10)(1)(1)(1)(1)

5 5000

step 4 도전 문제 019쪽

6 8027에 색칠   **7** 7135

1 1000이 6개이면 6000, 100이 4개이면 400, 10이 1개이면 10, 1이 5개이면 5이므로 6415입니다.

2 천 모형이 3개, 백 모형이 1개, 십 모형이 7개, 일 모형이 5개 있으므로 수 모형이 나타내는 수는 3175입니다.

5 5329에서 5는 천의 자리에 있는 숫자이므로 5가 나타내는 값은 5000입니다.

6 1528에서 8은 일의 자리에 있으므로 8을 나타내고, 9811에서 8은 백의 자리에 있으므로 800을 나타내며, 8027의 8은 천의 자리에 있으므로 8000, 4382의 8은 십의 자리에 있으므로 80을 나타냅니다. 이 중에서 나타내는 값이 가장 큰 것은 8000이므로 답은 8027입니다.

7 여름이가 만든 수는 6000보다 크므로 천의 자리 숫자는 6보다 큰 7입니다. 100이 1개이면 100이므로 남은 숫자 카드는 3과 5입니다. 일의 자리 수는 3이 아니므로 5이고, 십의 자리에 남은 카드 3을 사용하면 여름이가 만든 수는 7135입니다.

1 저금통 **2** ②
3 6, 5, 9, 9 **4** 6599
5 세 번째에 ∨표

2 글에 '복스러운 돼지 모양의 저금통'이라는 표현이 나옵니다.
4 1000원짜리가 6개이면 6000원, 100원 짜리가 5개이면 500원, 10원짜리가 9개 이면 90원, 1원짜리가 9개이면 9원이므로 6599원입니다.
5 종류별로 모으면 각 자릿값이 몇 개 있는지 쉽게 알 수 있습니다.

03 수의 크기 비교

1 (1) 3600, 3700 (2) 6451, 6651
2 > **3** 3, 0, >
4 (1) < (2) <
5 (1) 5132 (2) 3025

6 오른쪽에 ○표
7 6월 14일에 ○표, 6월 15일에 △표

2 천 모형이 더 많은 것은 3125이므로 3125 가 2136보다 더 큽니다.
3 5237의 십의 자리 수는 3이고, 5092의 백의 자리 수는 0입니다. 두 수의 크기를 비 교하려면 천의 자리 수부터 비교해 보면 됩 니다. 두 수 모두 천의 자리 수는 5로 같고, 백의 자리 수는 각각 2와 0이므로 더 큰 수 는 5237입니다.

5 천의 자리부터 비교해 보면, 천의 자리 수가 가장 큰 것은 5132이고, 그다음으로 큰 수 는 4912입니다. 3025와 3032는 모두 천의 자리 수는 3, 백의 자리 수는 0으로 같 지만, 십의 자리 수는 2와 3으로 3025가 더 작습니다.
따라서 가장 큰 수는 5132, 가장 작은 수는 3025입니다.
6 오른쪽 카드가 나타내려고 하는 수는 2918 입니다. 2909와 크기를 비교해 보면, 천의 자리와 백의 자리 수는 각각 2와 9로 같고, 십의 자리 수는 각각 0과 1이므로 2918이 더 큰 수입니다.
7 천의 자리는 모두 1로 같습니다. 백의 자리 수가 가장 큰 것은 6월 14일의 1507입니 다. 1413과 1409의 천의 자리 수와 백의 자리 수는 모두 같으므로 십의 자리 수가 더 작은 6월 15일의 1409가 가장 작은 수입 니다.

1 헨젤, 그레텔 **2** 세 번째에 ∨표
3 1, 3, 2, 5, 1, 3, 5, 2
4 1325, 1352, 십
5 초록색 사탕에 ○표

5 천의 자리와 백의 자리의 수는 같으므로 십 의 자리 수를 비교해 보면 2와 5로 1352개 인 초록색 사탕이 더 많다는 것을 알 수 있습 니다.

step 3 개념 연결 문제 ─────── 030~031쪽

1 2, 6, 4, 8, 5, 10

2
○○○○○ ○○○○○
○○○○○ ○○○○○
; 5, 20, 20

3 4의 단: 8, 16, 24, 32
8의 단: 8, 16, 24, 32, 40, 48, 56, 64, 72

4 풀이 참조; 6, 18, 풀이 참조; 3, 18

5 9, 18, 27, 36, 45, 54, 63, 72, 81

step 4 도전 문제 ·········· 031쪽

6 7, 42

7 4, 9, 3, 6 또는 9, 4, 3, 6

2 그림에는 5개씩 3묶음이 그려져 있습니다.
5×4는 5개씩 4묶음이므로 ○를 5개 더 그리면 됩니다.

4 예

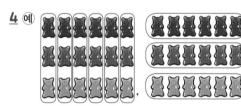

,

6 7×6은 7×5보다 7 큽니다. 7×5=35이므로 여기에 7만큼 더해 주면 7×6이 됩니다. 35+7=42이므로 7×6은 42입니다.

7 두 개의 수를 곱했을 때, 나머지 두 개의 숫자로 답을 만들 수 있는지 확인해 봅니다.
3×4=12이므로 6과 9를 사용할 수 없습니다. 3×6=18이므로 4와 9를 사용할 수 없습니다. 이와 같은 방법으로 하나씩 찾아보면 4와 9를 곱할 때 36으로 주어진 수 카드를 모두 사용할 수 있습니다.

step 5 수학 문해력 기르기 ─────── 033쪽

1 1500   **2** ②

3 칠십이, 72, 7×9=63

4 (위에서부터) 6, 7, 24

5 삼, 오

2 나무판은 백제 시대에 만들어진 것입니다.

4 곱하는 수가 같은 곱셈식끼리 한 칸에 모여 있습니다. 세 번째 칸은 곱하는 수가 7이고, 네 번째 칸은 곱하는 수가 6입니다.

5 지금 쓰는 곱셈식으로 바꾸어 보면
5×5=25, 4×5=20이므로 다음에 올 곱셈식은 3×5=15입니다.

step 3 개념 연결 문제 ─────── 036~037쪽

1 풀이 참조   **2** 풀이 참조

3 ①, ③, ⑤   **4** 4

5 풀이 참조; 5, 9, 9, 5 또는 9, 5, 5, 9

6 예 1, 8, 8, 1, 4, 2

step 4 도전 문제 ·········· 037쪽

7 3

8 풀이 참조; 예 2, 6, 6, 2, 3, 4, 4, 3

1

×	1	2	3	4	5	6	7	8	9
1	1	2	3	4	5	6	7	8	9
2	2	4	6	8	10	12	14	16	18
3	3	6	9	12	15	18	21	24	27
4	4	8	12	16	20	24	28	32	36
5	5	10	15	20	25	30	35	40	45
6	6	12	18	24	30	36	42	48	54
7	7	14	21	28	35	42	49	56	63
8	8	16	24	32	40	48	56	64	72
9	9	18	27	36	45	54	63	72	81

2 5씩 커지는 곱셈구구는 5의 단입니다.

×	1	2	3	4	5	6	7	8	9
1	1	2	3	4	5	6	7	8	9
2	2	4	6	8	10	12	14	16	18
3	3	6	9	12	15	18	21	24	27
4	4	8	12	16	20	24	28	32	36
5	5	10	15	20	25	30	35	40	45
6	6	12	18	24	30	36	42	48	54
7	7	14	21	28	35	42	49	56	63
8	8	16	24	32	40	48	56	64	72
9	9	18	27	36	45	54	63	72	81

3 2의 단처럼 곱이 짝수가 되려면 곱한 수가 모두 짝수인 것을 고르면 됩니다.

5

×	1	2	3	4	5	6	7	8	9
1	1	2	3	4	5	6	7	8	9
2	2	4	6	8	10	12	14	16	18
3	3	6	9	12	15	18	21	24	27
4	4	8	12	16	20	24	28	32	36
5	5	10	15	20	25	30	35	40	(45)
6	6	12	18	24	30	36	42	48	54
7	7	14	21	28	35	42	49	56	63
8	8	16	24	32	40	48	56	64	72
9	9	18	27	36	(45)	54	63	72	81

6 2×4=8입니다. 곱한 값이 8인 것을 모두 찾으면 1×8, 8×1, 4×2입니다.

7 곱셈표에서 3×6의 값은 18이고, 6×3도 18 입니다. 따라서 ☐ 안에 들어갈 수는 3입니다.

8 곱셈표에서 곱의 값이 4개인 것은 12입니다.

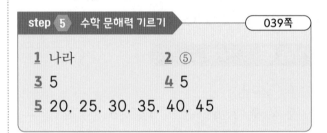

×	1	2	3	4	5	6
2	2	4	6	8	10	12
3	3	6	9	12	15	18
4	4	8	12	16	20	24
6	6	12	18	24	30	36

step **5** 수학 문해력 기르기   039쪽

1 나라   **2** ⑤
3 5   **4** 5
5 20, 25, 30, 35, 40, 45

1 농사짓기 좋은 강 근처에서 모여 살던 사람들은 점차 하나의 도시를 이루어 살기 시작했고, 이런 도시들이 모여 하나의 나라가 세워졌습니다.

2 바빌로니아 사람들은 점토판 위에 날카로운 도구로 글자를 새겼는데, 점토판에 적힌 내용을 보면 높은 수준의 수학이 발달했다는 것을 알 수 있습니다.

4 5의 단 곱셈구구이므로 5씩 커집니다.

06 길이 재기

step **3** 개념 연결 문제   042~043쪽

1 100 cm 자에 ○표
2 1, 70
3 (1) ○   (2) ×   (3) ○

4 120, 1, 20

5 (1) 100　(2) 2　(3) 3, 20

step **4** 도전 문제 ·········· 043쪽

6 첫 번째, 네 번째에 색칠

7 첫 번째에 ∨표

6 각각의 길이를 바르게 나타내어 보면
125 cm＝1 m 25 cm,
2 m 7 cm＝207 cm,
310 cm＝3 m 10 cm,
4 m 20 cm＝420 cm입니다.

7 자로 길이를 정확하게 재기 위해서는 물건의 한쪽 끝을 자의 눈금 0에 맞추어 길이를 재어야 합니다.

step **5** 수학 문해력 기르기 ·········· 045쪽

1 코딩　　　　　**2** 달린에 ○표

3 ③, ④　　　　　**4** 135

2 로봇은 정해진 규칙에 따라 판단하여 행동합니다. 코딩은 로봇이 움직일 수 있는 명령어를 입력하는 과정이고, 검은 선을 따라 달리게 만들어야 하므로 검은 선이 보이면 달리도록 명령어를 입력해야 합니다.

3 ① 경기장의 선 길이가 1 m를 넘으므로 긴 줄자가 필요합니다.
② 자로 길이를 잴 때에는 한쪽 끝을 자의 눈금 0에 맞추어야 합니다.
③ 자로 길이를 잴 때에는 자를 접히는 부분 없이 반듯하게 펴서 재어야 합니다.
④ 120 cm는 1 m 20 cm입니다.

07 길이의 합과 차 구하기

step **3** 개념 연결 문제 ·········· 048~049쪽

1 3, 20　　　　　**2** 1, 10

3 (1) 4, 90　(2) 3, 10

4 2, 40

5 3 m 30 cm 또는 330 cm,
8 m 50 cm 또는 850 cm

step **4** 도전 문제 ·········· 049쪽

6 5, 60　　　　　**7** 30

1 2 m 10 cm＋1 m 10 cm＝3 m 20 cm

2 2 m 60 cm－1 m 50 cm＝1 m 10 cm

3 (2) 420 cm＝4 m 20 cm이므로
4 m 20 cm－1 m 10 cm
＝3 m 10 cm

4 120 cm＝1 m 20 cm, 1 m 40 cm,
100 cm＝1 m입니다. 이 중 가장 긴 끈의 길이는 1 m 40 cm이고, 가장 짧은 끈의 길이는 1 m이므로
1 m 40 cm＋1 m＝2 m 40 cm입니다.

5 200 cm＝2 m입니다.
1 m 30 cm＋2 m＝3 m 30 cm 이고,
3 m 30 cm＋5 m 20 cm＝8 m 50 cm

6 1 m 50 cm＋4 m 10 cm＝5 m 60 cm

7 1 m 50 cm－1 m 20 cm＝30 cm입니다.

step **5** 수학 문해력 기르기 ·········· 051쪽

1 매듭

2 가지방석, 국화, 나비

3 270　　　　　**4** 50

5 6, 60

<u>5</u> 1 m 10 cm+2 m 20 cm=3 m 30 cm,
  3 m 30 cm+3 m 30 cm=6 m 60 cm

08 시각 읽기

step **3** 개념 연결 문제　　　054~055쪽

1 분에 ○표, 5분에 ○표
2 5, 16
3 (1) 1, 30　(2) 6, 45　(3) 1, 54
4
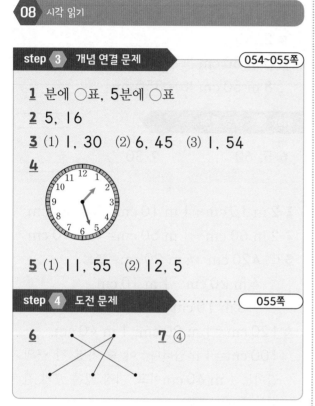
5 (1) 11, 55　(2) 12, 5

step **4** 도전 문제　　　055쪽

6 　　**7** ④

1 긴바늘은 분침으로 몇 분인지 가리킵니다.
작은 눈금 한 칸은 1분이고, 숫자 1이 있는
칸은 5칸이므로 5분을 나타냅니다.
2 짧은바늘은 시침입니다. 짧은바늘이 5와 6
사이를 가리키고 있으므로 5시와 6시 사이의
시각입니다. 긴바늘이 3을 가리키면 15분,
거기에 1칸 더 간 곳을 가리키고 있으므로
16분입니다. 따라서 답은 5시 16분입니다.
7 짧은바늘이 4와 5 사이에 있으므로 4시 몇
분입니다. 긴바늘이 4와 5 사이에 있으므로
21, 22, 23, 24분입니다. 가능한 보기는
④ 4시 21분과 ⑤ 4시 24분입니다. 긴바늘
이 짧은바늘과 4 사이에 있으므로 답은 ④ 4
시 21분입니다.

step **5** 수학 문해력 기르기　　　057쪽

1 반숙
2
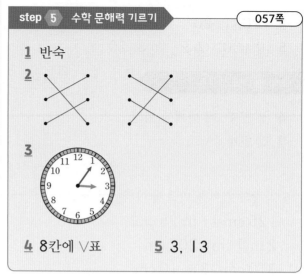
3

4 8칸에 ∨표　　　**5** 3, 13

4 노른자가 포슬포슬해지려면 8분 정도 삶으면
됩니다. 따라서 시계의 긴바늘이 8칸 움직이
고 난 다음 달걀을 꺼내면 됩니다.
5 짧은바늘이 3과 4를 가리키고 있으므로 3
시와 4시 사이이고, 긴바늘이 2를 가리키면
10분, 거기에 3칸 더 갔으므로 13분입니
다. 따라서 여름이가 달걀을 꺼낸 시각은 3시
13분입니다.

09 1시간

step **3** 개념 연결 문제　　　060~061쪽

1 (1) 60, 1　(2) 60
2 1, 30
3
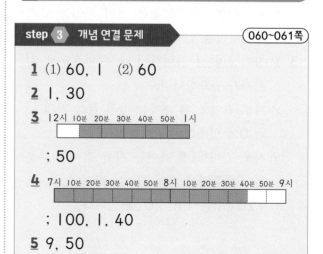
; 50
4

; 100, 1, 40
5 9, 50

6 4, 40

7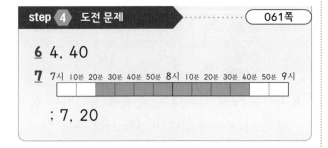

; 7, 20

3 한 칸은 10분이고 점심시간은 5칸만큼의 시간이므로 점심시간은 50분입니다.

5 70분은 1시간 10분이고, 꽃밭 불빛 쇼는 8시 40분에 시작하므로 9시 50분에 끝납니다.

6 3시 10분에 태권도를 배우기 시작하여 긴바늘이 한 바퀴를 돌면 한 시간이 지났으므로 4시 10분입니다. 그리고 긴바늘이 다시 30칸을 지나면 30분이 지났으므로 4시 40분에 끝납니다.

7 연극이 끝난 시각은 8시 40분이고 80분 전에 시작했으므로 끝난 시각부터 거꾸로 8칸을 색칠해보면 연극이 시작된 시각을 알 수 있습니다.

1 광화문, 광화문　　　2 ②

3 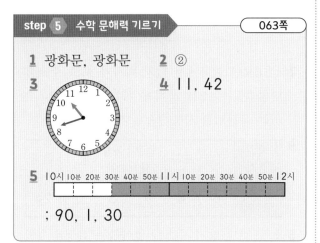　　　4 11, 42

5 ; 90, 1, 30

1 버스 시간표에 적힌 위치와 글에서 설명한 내용을 통해 광화문에서 출발하여 다시 광화문으로 돌아온다는 것을 알 수 있습니다.

2 버스 시간표를 보면 11시에 도착한 곳은 N서울 타워입니다.

4 남산골 한옥 마을에 도착한 시각은 10시 42분이고, 60분 뒤에 인사동에 도착했으므로 1시간 뒤인 11시 42분에 인사동에 도착했습니다.

5 출발한 시각은 10시 30분, 도착한 시각은 12시입니다. 9칸이므로 90분 걸렸고, 90분은 1시간 30분입니다.

10 하루의 시간과 달력

1 오전, 오후

2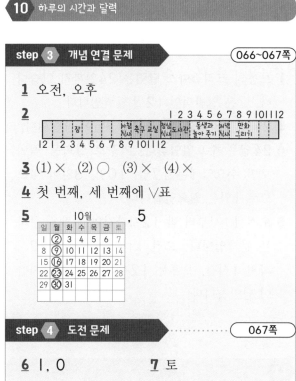

3 (1) ✕　(2) ○　(3) ✕　(4) ✕

4 첫 번째, 세 번째에 ∨표

5 , 5

6 1, 0　　　　　　　　7 토

3 (1) 축구교실은 오전 9시에 시작합니다.
(3) 겨울이가 동생과 놀아 주는 것은 도서관을 다녀온 다음입니다.
(4) 하루는 24시간입니다.

4 1주일은 7일입니다. 2월이 29일까지 있는 경우 윤년이라고 하며 그 해는 1년이 366일이지만, 달력을 보면 2월이 28일까지 있으므로 1년이 365일임을 알 수 있습니다.

6 오전 11시 30분부터 40분 동안 수업을 하고 나면 12시 10분에 수업이 끝나고, 점심

시간이 50분이므로 |시에 점심시간이 끝납니다.

7 ||월 |6일은 목요일입니다. 7일 뒤는 목요일이므로 이틀 뒤인 9일 뒤는 토요일입니다.

---

step **5** 수학 문해력 기르기   069쪽

1 ③

2 과자(초콜릿, 사탕, 젤리 등)

3 24, 3, 3   **4** 월

5 |3

---

1 보통의 크리스마스 달력은 24일까지 있습니다. ③은 일반적인 |2월 달력입니다.

3 24일은 3주(2|일)하고도 3일이 남습니다.

4 24일은 수요일입니다. 거꾸로 달력을 적어 보면 수요일에는 |7일, |0일, 3일이 있으므로 |일은 월요일입니다.

5 오전 ||시부터 밤 |2시까지의 시간을 구하는 문제입니다. 오전 ||시부터 점심 |2시까지 |시간, 오후는 |2시간이므로 |3시간이 남았습니다.

---

11 자료를 표로 나타내기

step **3** 개념 연결 문제   072~073쪽

1 강아지, 판다, 고양이, 거북, 사자

2 6, 5, 2, 4, 3   **3** 풀이 참조

4 두 번째에 ∨표   **5** 오른쪽에 ○표

step **4** 도전 문제   073쪽

6 풀이 참조

7 표에서는 누가 어떤 과자를 좋아하는지 나타나지 않기 때문입니다.

---

3 예

동물	강아지	고양이	사자	판다	거북	합계
학생 수(명)	6	5	2	4	3	20

4 자료를 표로 나타내면, 동물별 좋아하는 학생 수나 조사에 참여한 전체 사람 수는 한눈에 쉽게 알 수 있지만 누가 어떤 동물을 좋아하는지 알기 어렵습니다.

6

과자 종류	초콜릿	쿠키	파이	젤리	합계
학생 수(명)	6	7	3	5	2|

7 누가 어떤 과자를 좋아하는지 자세히 나타나 있는 것은 표가 아닌 자료입니다.

---

step **5** 수학 문해력 기르기   075쪽

1 예 과일처럼 주스도 빨리 상하기 때문에

2 살균법

3 포도, 복숭아, 오렌지, 딸기, 사과에 ○표

4 풀이 참조   **5** 딸기

---

2 |869년 미국에서 웰치 박사가 포도 주스를 만들 때, 주스를 상하게 하는 균을 줄일 수 있는 살균법을 사용했습니다.

4

과일 주스	사과	포도	오렌지	복숭아	딸기	합계
학생 수(명)	6	4	4	3	7	24

5 표를 보면 딸기 주스를 좋아하는 학생은 7명인데 자료에는 6명밖에 없으므로 겨울이가 좋아하는 과일 주스는 딸기 주스입니다.

step **3** 개념 연결 문제 ————— 078~079쪽

1 시간 수   **2** 풀이 참조

step **4** 도전 문제 079쪽

3 풀이 참조   **4** 볶음밥, 카레

1 그래프를 세로로 그릴 때는 가로에 분류한 것을 쓰고, 세로에 수를 씁니다.

2

여름이가 이번 주에 배우는 과목별 시간 수			
8			◯
7			◯
6	◯		◯
5	◯		◯
4	◯		◯
3	◯	◯	◯	◯
2	◯	◯	◯	◯
1	◯	◯	◯	◯
시간 수(시간) / 과목	국어	수학	창체	통합

3 그래프를 세로로 그릴 때는 가로에 음식 종류를 쓰고, 세로에 학생 수를 씁니다. 남은 음식 종류는 비빔밥과 파스타인데, 비빔밥을 선택한 학생 수가 3명이므로 세 번째 칸에는 비빔밥이, 5명이 선택한 다섯 번째 칸에는 파스타가 들어가야 합니다.

가을이네 반 급식 희망 메뉴별 학생 수				
6	✕			
5	✕	✕			✕
4	✕	✕			✕
3	✕	✕	✕		✕
2	✕	✕	✕		✕
1	✕	✕	✕	✕	✕
학생 수(명) / 메뉴	볶음밥	돈가스	비빔밥	카레	파스타

step **5** 수학 문해력 기르기 ————— 081쪽

1 야시장
2 낮에 ◯표, 밤에 ◯표, 밤에 ◯표
3 풀이 참조
4 첫 번째에 ∨표   **5** 풀이 참조

2 낮에는 덥고 밤에는 시원한 나라에서 낮에는 쉬다가 밤에 시원해지면 시장을 열기 시작하면서 밤에 열리는 '야시장'이 생겼습니다.

3

먹거리	닭꼬치, 과일 주스, 볶음밥, 아이스크림, 빙수
장신구, 생활용품	귀걸이, 나무 그릇, 팔찌, 목걸이

5

먹거리 종류별 가게 수				
5				◯	
4	◯	◯		◯	
3	◯	◯		◯	
2	◯	◯	◯	◯	
1	◯	◯	◯	◯	◯
가게 수(개) / 먹거리 종류	닭꼬치	과일 주스	볶음밥	아이스크림	빙수

step **3** 개념 연결 문제 ————— 084~085쪽

1 벚꽃, 민들레, 5, 15
2 풀이 참조   **3** 튤립, 민들레
4 표

step **4** 도전 문제 ————— 085쪽

5 1, 31   **6** 풀이 참조

1 종이꽃의 종류 중 비어 있는 칸은 벚꽃과 민들레입니다. 자료를 보면 벚꽃을 접은 사람이 4명, 민들레를 접은 사람이 2명이므로 첫째 칸에는 벚꽃, 마지막 칸에는 민들레를 써넣

어야 합니다. 튤립을 접은 학생은 5명이고,
학생 수를 모두 더하면 15명입니다.

2

봄이네 반 학생들이 만든 종이꽃별 학생 수			
5			○	
4	○	○	○	
3	○	○	○	
2	○	○	○	○
1	○	○	○	○
학생 수(명) / 종이꽃	벚꽃	카네이션	튤립	민들레

4 주어진 표에는 각각의 종이꽃을 접은 학생
수와 전체 학생 수가 나타나 있어 전체 수를
쉽게 알 수 있습니다.

5 10월은 31일까지 있습니다. 여름이는 매일
한 가지씩 운동했으므로 31일 동안 운동했
고, 줄넘기, 달리기, 배드민턴, 걷기를 한 날
수는 모두 30일이므로 발야구를 한 날은 1
일입니다.

6 그래프의 가로에는 여름이가 한 운동의 종류
를 쓰고, 세로에는 운동 일수를 아래쪽부터
차례대로 씁니다. 표를 보고, 운동 일수에 맞
는 운동을 차례대로 적어야 합니다.

여름이가 한 달 동안 한 운동별 기록 일수				
10				○	
9				○	
8		○		○	
7	○	○		○	
6	○	○		○	
5	○	○	○	○	
4	○	○	○	○	
3	○	○	○	○	
2	○	○	○	○	
1	○	○	○	○	○
기록 일수(일) / 운동	줄넘기	달리기	배드민턴	걷기	발야구

1 전단지   **2** ①, ②, ④
3 풀이 참조
4 3, 4, 3, 4, 1, 15
5 풀이 참조

1 전단지는 알리고 싶은 정보들을 모아놓은 광
고 종이입니다.

2 전단지 위쪽에는 가게 이름이 크게 적혀 있
고, 마트의 위치가 그려진 그림지도, 마트 전
화번호 같은 정보들이 적혀 있습니다.

3

고기류	소고기, 돼지고기, 제주도 흑돼지고기
해산물	오징어, 고등어, 굴, 멸치
과일류	포도, 굴, 사과
채소류	단호박, 애호박, 오이, 양파
곡식류	쌀

5

전단지에 소개된 물건 종류별 수				
4		○		○	
3	○	○	○	○	
2	○	○	○	○	
1	○	○	○	○	○
개수(개) / 물건 종류	고기류	해산물	과일류	채소류	곡식류

표를 보면 해산물과 채소류 모두 4개씩 있습
니다. 채소류는 이미 그래프가 그려져 있으
므로 두 번째 칸에 들어갈 물건의 종류는 '해
산물'입니다. 개수가 1개인 것은 곡식류이므
로 다섯 번째 칸에 들어갈 물건의 종류는 '곡
식류'입니다. 고기류와 과일류 모두 3개씩이
므로 ○를 각각 3개씩 그려야 합니다.

step ③ 개념 연결 문제   090~091쪽

1 풀이 참조

2 예 ↓ 방향으로 1씩 커진다.

3 풀이 참조

4 풀이 참조; 예 → 방향으로 4씩 커진다. 4의
단 곱셈구구이다. 곱한 수가 모두 짝수다.

5 ②

step ④ 도전 문제   091쪽

6 풀이 참조   **7** 풀이 참조

1

+	1	2	3	4	5	6	7	8	9
3	4	5	6	7	8	9	10	11	12
4	5	6	7	8	9	10	11	12	13
5	6	7	8	9	10	11	12	13	14
6	7	8	9	10	11	12	13	14	15
7	8	9	10	11	12	13	14	15	16

3

×	1	2	3	4	5	6
1	1	2	3	4	5	6
2	2	4	6	8	10	
3	3	6			15	
4	4	8				
5	5		15			
6						

4

×	1	2	3	4	5	6
1	1	2	3	4	5	6
2	2	4	6	8	10	
3	3	6				
4	4	8	12	16	20	24
5	5					
6						

5 ① 곱셈표에 있는 수는 모두 홀수입니다.
③ ↘ 방향으로 커지는 수는 다양합니다.
④ → 방향으로 커지는 수는 다양합니다.
⑤ ↓ 방향으로 커지는 수는 다양합니다.

6

+	4	5	6	7	8
3	7	8	9	10	11
5	9	10	11	12	13
7	11	12	13	14	15
9	13	14	15	16	17

세로줄에 더하는 수가 무엇인지 알기 위해서
는 가로줄에 있는 수와 더한 결과를 살펴보
면 됩니다. 예를 들어 세로줄 위에서 두 번째
칸에 들어갈 수는 5와 더하여 10이 되므로
5임을 알 수 있습니다.

7

×	3	4	5	6
6	18	24	30	36
7	21	28	35	42
8	24	32	40	48
9	27	36	45	54

세로줄에 곱하는 수가 무엇인지 알기 위해서
는 가로줄에 있는 수와 곱한 결과를 살펴보
면 됩니다. 예를 들어 세로줄 첫 번째 칸에
들어갈 수는 3와 곱하여 18이 되므로 6임을
알 수 있습니다.

step ⑤ 수학 문해력 기르기   093쪽

1 ②

2 머리: 사람, 날개: 새, 몸: 사자, 꼬리: 뱀

3 풀이 참조   **4** 풀이 참조

5 예 파란색 칸에 그은 선을 따라 접었을 때
만나는 칸의 숫자는 모두 같습니다.

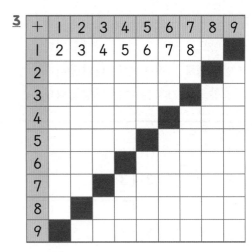

3

+	1	2	3	4	5	6	7	8	9
1	2	3	4	5	6	7	8		
2									
3									
4									
5									
6									
7									
8									
9									

두 수를 더했을 때 10이 되는 수는 1과 9, 2와 8, 3과 7, 4와 6, 5와 5가 있습니다.

4

×	1	2	3	4	5	6	7	8	9
1									
2									
3									
4									○
5									
6						○			
7									
8									
9				○					

한 자리 수끼리 곱했을 때 36인 것은 4와 9, 6과 6입니다.

15 일상에서 규칙 찾기

step 3 개념 연결 문제　　096~097쪽

1

2

---

3 3, 6, 9, 12, 15

4 예 3개로 시작하여 3개씩 늘어납니다.

5 풀이 참조

step 4 도전 문제　　097쪽

6 파란색에 ∨표　　**7**
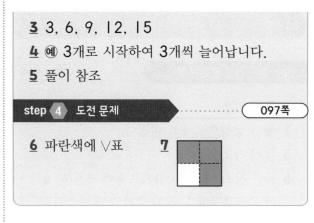

3 1단계에서 1층에 3개로 시작하여 쌓기나무 3개씩 올라가는 규칙입니다. 1단계는 3개, 2단계는 3개 더 많은 6개, 3단계는 2단계 보다 3개 더 많은 9개 순서로 쌓기나무의 수가 늘어나고 있습니다.

5
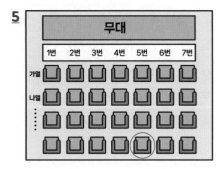

그림에 보이는 의자는 왼쪽부터 한 줄에 7개씩 놓여 있습니다. 입장권에 쓰인 좌석 번호는 라열 5번이므로, 가열, 나열, 다열, 라열, 4번째 열이고 왼쪽부터 5번째 좌석입니다.

6 도형의 모양이 아닌 색깔의 규칙을 찾는 문제입니다. 왼쪽부터 빨간색 ─ 파란색 ─ 주황색 순서대로 색이 바뀌고 있으므로 빈칸에 들어갈 도형의 색은 파란색입니다.

7
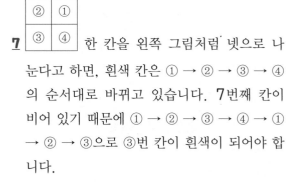
한 칸을 왼쪽 그림처럼 넷으로 나눈다고 하면, 흰색 칸은 ① → ② → ③ → ④의 순서대로 바뀌고 있습니다. 7번째 칸이 비어 있기 때문에 ① → ② → ③ → ④ → ① → ② → ③으로 ③번 칸이 흰색이 되어야 합니다.

1 받는 사람을 더 기쁘게 할 수 있고, 물건이 망가지는 것도 막을 수 있습니다.

2 규칙에 ∨표   **3** 풀이 참조

4 풀이 참조   **5** 풀이 참조

---

2 모양과 색깔이 규칙에 따라 변하고 있으므로 덧셈이나 곱셈보다 규칙이 가장 적당한 답입니다.

3 노란 별—파란 사각형—빨간 하트가 반복되는 규칙입니다.

4 빨간 원—노란 삼각형—노란 삼각형—빨간 원이 반복되는 규칙입니다.

5 예

규칙   노란 별—파란 사각형—빨간 하트—노란 별이 반복되는 규칙입니다.

13